U0243762

现代果蔬花卉深加工与应用丛书

果蔬花卉糖制技术与应用

刘玉冬　王鑫璇　编著

GUOSHU HUAHUI TANGZHI
JISHU YU YINGYONG

化学工业出版社

·北京·

内容简介

《果蔬花卉糖制技术与应用》在系统、科学地阐述糖制品加工基本原理的基础上，详细介绍了各类果品、蔬菜、花卉等常见品种的糖制技术、工艺流程、操作要领、质量标准等，并配以大量制作实例。本书内容翔实，实用性强。

本书可供从事果蔬花卉糖制产品研发的人员以及相关生产企业的工程技术人员参考使用，亦可作为高等院校相关专业师生的参考资料。

图书在版编目（CIP）数据

果蔬花卉糖制技术与应用／刘玉冬，王鑫璇编著．
北京：化学工业出版社，2025.3． --（现代果蔬花卉深加工与应用丛书）． -- ISBN 978-7-122-47313-4

Ⅰ. TS246.5

中国国家版本馆 CIP 数据核字第 2025VX4826 号

责任编辑：张　艳　　　　　　文字编辑：林　丹　白华霞
责任校对：宋　玮　　　　　　装帧设计：王晓宇

出版发行：化学工业出版社
　　　　　（北京市东城区青年湖南街 13 号　邮政编码 100011）
印　　装：北京建宏印刷有限公司
710mm×1000mm　1/16　印张 14　字数 258 千字
2025 年 4 月北京第 1 版第 1 次印刷

购书咨询：010-64518888　　　　售后服务：010-64518899
网　　址：http://www.cip.com.cn
凡购买本书，如有缺损质量问题，本社销售中心负责调换。

定　　价：88.00 元　　　　　　版权所有　违者必究

"现代果蔬花卉深加工与应用丛书"
编委会

前 言 FOREWORD

果蔬糖制在我国具有悠久的历史，最早的糖制品是利用蜂蜜糖渍饯制而成，并冠以"蜜"字，称为蜜饯。甘蔗糖（白砂糖）和饴糖等食糖的开发和应用，促进了糖制品加工业的迅速发展，逐步形成格调、风味、色泽独具特色的我国传统蜜饯，其中北京、苏州、广州、潮州、福州、四川等地的制品尤为著名，如苹果脯、蜜枣、糖梅、山楂脯、糖姜片、冬瓜条以及各种凉果和果酱，这些产品在国内外市场上享有很高的荣誉。其营养丰富，除直接食用外，也可作为糖果、糕点的辅料。糖制品加工的原材料来源广泛，包括果品、蔬菜、花卉及果核、果皮和不宜生食的果子等，是综合利用的重要用途之一。随着我国农业水平与食品加工行业的不断发展，为适应现代社会市场化供应需要，果蔬的糖制工艺技术和制作方法也进行了大量的更新。开发低糖低热量、原果蔬风味浓、具有营养保健等功能性作用的糖制品是行业的发展方向。

《果蔬花卉糖制技术与应用》为"现代果蔬花卉深加工与应用丛书"的一个分册。丛书针对果品、蔬菜和食用花卉等原料，系统介绍安全控制、酿造、干制等果蔬花卉关键深加工技术与应用实例。本分册以糖制为主题，共分十一章。第一章对糖制品的分类、糖制加工用糖、对园艺产品的要求以及糖渍工艺理论进行了概述。第二章介绍了果脯蜜饯类和果酱类产品的加工工艺以及新工艺进展。第三至十一章分别详细介绍了果品（仁果类、核果类、浆果类和其他类）、蔬果（根菜类、茎菜类、叶菜类和瓜果类）、食用菌和食用花卉等多种常见果蔬花卉产品的糖制技术、工艺流程、操作要领、质量标准等，并配以大量制作实例简介说明。

本书内容翔实，实用性强。可供从事果蔬花卉糖制产品的研发人员以及相关生产企业的工程技术人员参考使用，亦可作为高等院校相关专业师生的参考资料。

本书由天津农学院刘玉冬、天津商业大学王鑫璇编写。编写分工为：第五、

六、七、八、九、十章由刘玉冬编写，共 10.3 万字；第一、二、三、四、十一章由王鑫璇编写，共 15.5 万字。

由于作者水平所限，书中难免存在疏漏和不妥之处，敬请读者批评指正。同时借此机会，向使用本书籍的广大读者以及给予我们关心、鼓励和帮助的同行、专家学者致以由衷的感谢。

编著者

2024 年 10 月

目 录 CONTENTS

第一章　概述

第一节　糖制品的分类

我国最早的果蔬糖制加工品是蜜饯。最初是用蜂蜜进行蜜制的，到了5世纪发现蔗糖后才用蔗糖进行糖制。因此"蜜饯"一词沿用至今。

果蔬糖制品具有优良的风味，而且原料来源广泛，凡果品、蔬菜、花卉以及加工过程中的果皮、果心和不宜生食的果子都可以用于糖制。糖制加工工艺易于掌握，厂房可大可小，对于开发利用自然资源、发展乡镇企业有着重要意义。

果蔬糖制品的工艺多样，品种繁多，总的来说分果脯蜜饯和果酱两大类。

果脯蜜饯又分为以下几类：

（1）干态蜜饯类　干态蜜饯是不带糖液的蜜饯，即果品在糖制后再晾干或烘干的制品，一般含糖65%左右。有时为了改进干态蜜饯的外观，在它的表面蘸敷上一层透明或干燥结晶的糖衣。

（2）果脯类　是将原料果品经糖（蜜）、香料等浸煮到一定程度后，再烘干或晒干，使表面比较干燥、无糖霜、不粘手的制品。

（3）返砂蜜饯类　返砂蜜饯类的制法与果脯制法大致相同，只是原料煮制时，直接煮到糖返砂结晶，或煮到一定程度后将原料捞出，冷却到90℃左右，淋上108℃左右的糖液，拌凉后即成为表面有一层糖霜的产品。

（4）糖制蜜饯类　糖制蜜饯类的制法也与果脯制法大致相同，只是在加工煮制后，不再烘干或晒干。产品表面附着一层似蜜的浓糖汁，为半干性成品。

（5）凉果类　其糖制不经过煮制等加热过程，直接以糖液浸渍干鲜果品或经过漂洗的果坯，拌以辅料后，晾晒即成。

(6) 甘草制品类 甘草制品类的制法与凉果类制法相同，其主要辅料为甘草汁，多为半干态产品。

果酱类糖制品是高糖高酸食品。成品要求浓度高，稠度大，不需保持原料的形状。果酱类又分为以下几类：

(1) 果酱 果肉与糖液混合煮制到适宜浓度而呈凝胶状态的制品称果酱。一般在未煮之前，先将酸、果胶含量分别调整到 1%。糖的用量与原料的比例为 1:1，含糖量高的原料可少些。

果酱原料加糖后立即煮制，煮制越快，制品的质量越好，每次煮的量不宜过多，这样得到制品的速度快、色、香、味损失少。一般煮制到可溶性固形物含量达 68%、糖含量达 60% 时停止煮制，然后在 85℃ 条件下装罐，于 90℃ 条件下杀菌 30min。若可溶性固形物含量达 70%~75%，糖含量不低于 65%，可在 68~70℃ 条件下装罐，不必杀菌。

(2) 果泥 果泥是用除去粗硬部分（筛滤后）的果肉，加糖、果汁、香料等煮制成的质地均匀的半固态制品。与果酱不同之处在于稠度较大而且质地均匀一致。糖用量一般为果肉重量的 1/2，浓缩达到可溶性固形物含量为 63%~68% 即可。

(3) 果冻 果冻为果汁和糖浓缩、冷却后呈凝胶状的制品，具有清晰透明、色泽鲜明光亮而且保持原有的风味和香味等特点。

(4) 果丹皮 将果煮烂后，除去粗硬部分，与糖混合煮成糊状，摊于木板或摊板上烘成薄片（或卷成筒）或切成块状的成品称为果丹皮。

(5) 马末兰 马末兰为果汁和小块果皮糖煮后，呈凝胶态的制品，也就是清晰的果冻中分散有小块果皮。

本书建议的分类法：由于果蔬糖渍制品的原料状态、成品状态及工艺方法极为复杂，单从某方面进行分类，欲全面概括是有困难的。因而本书以三方面的共异点为基础，提出下列的分类单元，总共分为 23 类。

(1) 糖霜蜜饯类 不变果蔬肉质状态，与糖煮透或浸透后烘干，表面带有糖霜、无黏性的制品。

(2) 糖液蜜饯类 不变果蔬肉质状态，与糖煮透或浸透后，成品表面带有糖液、有黏性的制品。

(3) 糖衣蜜饯类 不变果蔬肉质状态，与糖煮透或浸透后，外加冰状糖衣、蛋奶糖衣或巧克力糖衣的一类制品，西方称之为 "Glace Fruits"。

(4) 无衣蜜饯类 不变果蔬肉质状态，与糖煮透或浸透后，制品表面无衣、无霜、无液、无黏性的制品。

(5) 香料蜜饯类 不变果蔬肉质状态，与糖及中药香料煮透或浸透，包括有黏性及无黏性的制品。

（6）果汁蜜饯类 不变果蔬肉质状态，与浓缩果汁煮透或浸透，加糖或不加糖，烘半干，稍带黏性的制品。

（7）纯糖蜜酱类 果蔬肉质打成浆状，与糖共煮或混合后，烘干或半干，制成的各种形状的制品。

（8）香料蜜酱类 果蔬肉质打成浆状，与糖及各种中药香料煮成酱状，烘干或半干的制品。

（9）果饴蜜酱类 果蔬肉质打成浆状，与各种浓缩果汁或果饴煮成酱状，加糖或不加糖，烘至半干的制品。

（10）香花蜜酱类 果蔬肉质打成浆状，与糖渍香花配合后，烘干或半干的制品。

（11）复合多果蜜酱类 果蔬肉质打成浆状，由两种以上的果蔬浆肉及两种以上的浓缩果汁配合，加糖或不加糖，煮制后烘干或半干的制品。

（12）蜜酱盐坯制品类 果蔬盐坯半成品与打成浆状的果肉或果皮经糖煮而成的半干状制品。

（13）香蜜盐坯制品类 果蔬盐坯半成品与打成浆状的果肉或果皮，配合各种中药香料，经糖煮而成的半干状制品。

（14）果蜜盐坯制品类 果蔬盐坯半成品与果汁、果酱配合，不加香料，或稍加香料，经糖煮而成的半干状制品。

（15）甘草盐坯制品类 果蔬盐坯半成品吸收甘草香料糖液后烘干而成的制品。

（16）鲜果干制类 新鲜全果，经浸渍甘味料后烘成的加料干果制品。

（17）糖渍干果类 果蔬的干制半成品与糖共煮或浸渍后，烘成的半干制品。

（18）蜜酱干果类 果蔬的干制半成品与各种果酱配合而成的半干性制品。

（19）复合加料干果类 果蔬干制半成品与两种以上果肉浆汁煮制后，加香料或不加，烘干或半干的制品。

（20）酱汁蜜冻类 果蔬打成浆状或取汁液与糖、酸或其他增稠剂共煮而成，冷后结成冻状，不烘或烘到半干的制品。

（21）冻酱松糕类 果蔬肉质打成浆状与鸡蛋蛋白、糖、酸配合烘制而成的松软制品。

（22）果皮冻糕类 细碎柑橘类果皮和果肉浆汁，与糖、酸煮制而成的制品。

（23）夹心果糕类 由果糊皮及各种果糕片，以糖奶或各种果酱为夹心，做成夹层糕，经烘干而成的制品。

把以上23类，按相似基质，再概括为五大类，见表1-1。

表 1-1　糖制品分类

糖制品大类	细分种类
1. 果蔬蜜饯类	(1)糖霜蜜饯类；(2)糖液蜜饯类；(3)糖衣蜜饯类；(4)香料蜜饯类；(5)果汁蜜饯类；(6)无衣蜜饯类
2. 果蔬蜜酱类	(1)纯糖蜜酱类；(2)香料蜜酱类；(3)果饴蜜酱类；(4)香花蜜酱类；(5)复合多果蜜酱类
3. 果蔬盐坯制品类	(1)蜜酱盐坯制品类；(2)香蜜盐坯制品类；(3)果蜜盐坯制品类；(4)甘草盐坯制品类
4. 糖制干果类	(1)鲜果干制类；(2)糖渍干果类；(3)蜜酱干果类；(4)复合加料干果类
5. 果蔬冻糕类	(1)酱汁蜜冻类；(2)冻酱松糕类；(3)果皮冻糕类；(4)夹心果糕类

上列 5 大类共 23 小类，大致包括了近代世界各国果蔬糖渍制品的种类，每种均可发展成为丰富多彩的许多品种。

第二节　糖制加工用糖

世界各国的水果、蔬菜糖渍加工品，包括我国传统的水果、蔬菜糖渍品，其最主要的特点，是以水果或蔬菜为原料，与糖或其他甘味料配合加工而成。其他的辅助原料在制品的组成中含量不多。因而制品的成分中除水果与蔬菜的成分之外，所用原料中，就以糖为主要组分。制品的质构、形态、食味、牙感、营养、卫生、保存、取食、包装、运输等，都要受到所用原料糖的最大影响。为保证制品品质，除研究水果、蔬菜本身的糖渍加工特性之外，还必须了解所用原料糖的性质，才能在加工处理中加以利用和控制。

为保证制品品质，原料用糖以蔗糖为主，其次为麦芽糖、淀粉糖浆、果葡糖浆、蜂蜜及转化糖，转化糖从蔗糖转化而得，不使用葡萄糖。

原料用糖以蔗糖为主，其主要原因是在上述各种糖类中，以蔗糖的吸湿性最小。一般工业化生产的食品，必须具有较长的货架寿命。糖渍制品本身就是腐败微生物最好的养料，最易腐败、变质。制品所含游离水，是微生物发育的必要条件。当制品暴露在空气中时，它的强吸湿性正是造成制品中游离水分增加的主要原因，对制品变质起决定性作用。所以对制品要求低吸湿性，以保证有较长的保存期。蔗糖的低吸湿性，正符合制品要求。另一原因是蔗糖纯度高，色纯白，没有影响制品的特殊味。葡萄糖的纯度虽高，色也纯白，无异味，但甜度低价也高，故不采用。其余的糖多为混合物，而且是非结晶性糖，吸湿性高，均不及蔗糖优越。

除了解各种糖的一般特性之外，对其理化性质、商品性质等等，也都有了解的必要，才能在糖渍加工中合理应用。

1. 蔗糖

糖渍加工用糖，用量最多的是蔗糖，蔗糖除前述的一般特性之外，还易溶于甘油，微溶于纯乙醇，相对密度在 15℃时为 1.5879，其水溶液的比旋光度为 $+66.5°$，在 160～180℃分解。可根据这些性质辨别蔗糖的纯度。

蔗糖的商品品种，常用的有白砂糖、白糖、冰糖、赤砂糖、黄片糖、冰片糖、黄糖粉（或称红糖粉）。为了制取高质量的糖渍制品，以选用优质砂糖或一级砂糖为宜。冰糖为白砂糖的大结晶体，没有必要选用。绵白糖的晶粒很细，易于溶解，有时为了速溶，也可采用绵白糖。其他如赤砂糖、黄片糖、冰片糖、黄糖粉等虽可用作深色糖渍制品原料，但杂质含量不稳定，可使糖渍制品的风味也不稳定、不一致，故不宜采用。

赤砂糖的商品理化指标如下：

（1）总糖分（蔗糖＋还原糖）不低于 89.00%。

（2）水分不超过 3.5%。

（3）其他不溶于水的杂质每千克产品不超过 250mg。

可见，即使是优质砂糖，仍有较高的还原糖含量，最高等级的精制糖，其还原糖含量要求不超过 0.01%，灰分不超过 0.005%，含水量不超过 0.02%。含还原糖较高的砂糖加热超过 115℃经 30min 会渐渐变成深色。因此对纯白色的糖霜蜜饯类，要求更好的优质砂糖。

2. 麦芽糖浆（饴糖）

麦芽糖的分子式与蔗糖同为 $C_{12}H_{22}O_{11}$，但结构不同。蔗糖经加水分解，产生一分子葡萄糖和一分子果糖，而麦芽糖经加水分解，产生两分子葡萄糖。糖渍加工使用的麦芽糖不是纯麦芽糖，而是含有不少杂质的一般称为"饴糖"的麦芽糖。饴糖自古以来都用糯米或粳米作原料加麦芽制成，所以俗称麦芽糖。由于原料不同，加工时的糖化程度也不一致，没有一致的商品品质。

其组分中除麦芽糖外还含有不少糊精。糊精含量高的麦芽糖，保持蔗糖不返砂的能力较强，也可降低吸湿性，对蜜酱制品类的保质具有重要意义，因此在糖渍加工中，用量也不少，仅次于蔗糖。糖渍加工厂可以用现有设备自制。其制法如下：

凡是含有淀粉的原料，都可以制麦芽糖。麦芽糖就是由淀粉糖化而成的。淀粉由直链淀粉与支链淀粉所构成。直链淀粉易溶于温水，黏性小。支链淀粉不易溶于温水，可溶于高温热水，呈胶状，黏性大。一般大米含直链淀粉约 80%，含支链淀粉约 20%。糯性粮谷如糯米则属支链淀粉谷物。麦芽糖生产就是利用麦芽中的淀粉酶，把淀粉中的直链淀粉与支链淀粉变成麦芽糖。淀粉酶分 α-淀粉酶及 β-淀粉酶。α-淀粉酶能把直链淀粉与支链淀粉分解为短分子的糊精，同时生成少量麦芽糖。α-淀粉酶主要是能破坏淀粉糊的黏性，使之形成黏性低的溶液，所以也称液化酶。β-淀粉酶从直链淀粉的两端或支链淀粉的末端切下两个葡萄糖基，使淀粉分解为麦芽糖，所以也称糖化酶。两种酶均不能使支链淀粉所剩下的分支部分继续分解，这部分称磷酸糊精。所以由此制成的麦芽糖含有糊精成分。

由此可知，凡是含有淀粉的原料（例如大米、糯米、玉米、甘薯、马铃薯、木薯、芭蕉芋，以及野生淀粉植物等）都可制麦芽糖，但制品品质差异很大，以糯米最好，其次是大米。其他如玉米及薯类等，除非用它的提纯淀粉来糖化，可得较好品质之外，若用原组织进行糖化，因含杂质很多，不适用于作糖渍制品原料。

麦芽含有上述的淀粉酶，制麦芽糖须先制取麦芽。各类谷物发芽时，都含有淀粉酶，如稻谷、玉米、小米、小麦、大麦等，其中以大麦最好。选取发芽率高的大麦，洗净后用清水浸渍，30℃气温下约浸 12h，25℃约 30h，使吸水膨胀，能用两指压扁即可。若一压即出浆，为吸水过度。先浸 4～5h 后，移出使之与空气接触约 3h，反复几次，以促进发芽。经浸渍后，即放置发芽。

发芽时，有各种放置方式，最通用的是在地板上堆积发芽，即在地板上堆成小堆，高约 50cm，使堆温维持在 25℃，不超过 30℃。约经 20h，期间可稍翻散，洒水，吹风以利于发芽。当麦粒露出白点，即可在地板上把小堆散开成层，厚度约 10～15cm，温度不超过 25℃。每日翻拌，洒水 3～4 次，以免温度过高，到麦芽长出比麦粒长约 2～5 倍时为止。使用时，最好使用鲜麦芽。也可晒干贮存作干麦芽使用。

麦芽制好后，即可处理淀粉原料进行糖化。糖化时，可把原料蒸熟后即加麦芽，加很少水分进行糖化，然后用水溶出糖分。也可把原料蒸熟后即加多量水再加麦芽糖化，然后除渣得糖分。前法所得质量较好，后法得量较多，现一般多用前法。此处介绍前法，并以糯米为原料（大米或碎米也同此法）。

糯米或大米先经浸渍约 5h。以蒸汽蒸到适熟，要使每粒都能散开，饭粒透心透明，不结团，外硬内软，以用指压扁、不黏烂为宜。若入锅米层过厚，中间须翻拌一次，使透熟均匀，即可进行加麦芽糖化。

糖化时，在拌料桶中把饭粒打散，使品温降到 75℃，立即加入已打成烂浆的鲜麦芽充分混合拌匀，不使原料有团块状。温度控制在 60℃左右，保持此温度，并拌入原料重 15% 的麦芽汁水（温度 60℃）。麦芽的用量约为原料量的 7%～8%。糖化最适 pH 值为 5.3。为使原料与麦芽中的淀粉酶接触均匀，可在糖化 4h 后，放出下部液体，再淋入上部。8h 后，检查饭粒已空，只剩饭粒渣皮，即可进行过滤除渣。

过滤时先把糖化液从糖化槽底部放出，进行浓缩成麦芽糖。然后加入第二次浸渍的糖汁，约为原料量的两倍，浸 2～3h 后，放出糖汁。把精渣加 100℃热水再浸 1h，放出糖汁，此糖汁即作为第二次浸渍的糖汁之用。第二次浸渍后放出糖汁，在连续作业中，作首次浸渍液，浸后放出首次浓糖汁。各次浸渍糖汁温度都要维持在 75℃ 左右。然后把所得糖汁进行浓缩。

浓缩在常压下或减压下均可，但要在中途把泡沫上浮物除去，并在浓缩的后期用 0.1% 的甲醛次硫酸氢钠（$NaHSO_2 \cdot CHO \cdot 2H_2O$）进行脱色。浓缩到 42°Bé 时即出锅为成品。

另一种制法是采用米曲霉菌种"丹麦 Fungamyl 600"的"曲霉糖化法"。原料是浓度为 40% 的玉米淀粉，先用酶法或酸法进行液化。调节温度到 55℃，pH 值至 5.0，加入米曲霉制剂（每吨淀粉用 300g），进行糖化，经 24h 后过滤取糖汁进行浓缩。此法除产生麦芽糖外，还产生 5%～10% 的葡萄糖。

近来发现有几种链霉菌含有 α-1,6-葡萄糖苷酶，用于与淀粉酶合用进行糖化，所得麦芽糖含量可达 90%～95%。但用于糖渍加工原料的麦芽糖，用麦芽来糖化已够。

3. 淀粉糖浆与果葡糖浆

淀粉糖浆是把各种淀粉原料得来的纯净淀粉经糖化、中和、过滤、脱色、浓缩而得的无色透明、具有黏稠性的糖液。其糖化程度、成分与浓度等，随葡萄糖值的不同而有很大差异。工业生产产品有葡萄糖值为 42、53 及 63 三种，其中以葡萄糖值为 42 的最多。

淀粉糖浆的甜度，葡萄糖值为 42 的约等于白砂糖的 30%。其甜味是由成分中的葡萄糖与麦芽糖组合而显示的。这两种糖的甜度都比白砂糖低，但其糊精含量高，可利用它防止糖渍制品返砂而配合使用，对其甜度并无要求。

果葡糖浆是近代新发展的糖品，其成分主要是葡萄糖与果糖。其制法是先把淀粉分解成葡萄糖，再经葡萄糖异构酶的作用，把部分葡萄糖转变成果糖。因果糖的甜度要比蔗糖高，因此，制成的果葡糖浆的甜度和蔗糖相似。目前，工业上大量生产的果葡糖浆，是用葡萄糖值为 95～97 的淀粉糖浆加异构酶转化的制品（转化率为 40%～45%）。

果葡糖浆无色、透明，有类似蜂蜜的甜味。由于含果糖成分较多，吸湿性强，稳定性也较低，易受热分解而变色。由于具有上述特点，果葡糖浆与淀粉糖浆及蜂蜜一样，只在干态及半干态的糖渍制品的加工中配用少量，以防止制品结晶返砂，而不适宜作为主要的糖渍用糖。

4. 蜂蜜

蜂蜜一般称为蜜糖。古代的糖渍制品就是以蜂蜜为原料进行糖渍的。据报道，以 490 个蜂蜜样品进行成分分析，结果表明，不同的品种它们的成分变动的范围很大，这是由于蜜蜂采蜜受地域、气候及所采花粉的影响极大，甚至如采到有毒植物的花粉（如昆明山海棠花、南烛花等），还会使所产蜂蜜有毒。但在营养价值方面，世界各国对之评价很高。由于其吸湿性很强，易使制品发黏，而且商品价值也高，故仅作为糖渍加工用辅助糖料。

第三节　糖制技术对园艺产品的要求

以果品、蔬菜和花卉为原材料的园艺产品在被制成各种糖制品的时候，强调其所含的可溶性固形物含量的高低以及原材料的品种、成熟度和新鲜度几个方面，另外，还应考虑原材料的形态、色泽等因素，这些直接影响糖制品的质量（如色、香、风味），不合要求的原料，只能得到产量低、质量差的产品。

一、园艺产品糖制的特性

园艺糖制品中糖制的特性主要是指与之有关的糖的化学和物理性质。化学方面的特性包括糖的甜味和风味，蔗糖的转化、凝胶等；物理特性包括渗透压、结晶、溶解度、吸湿性、热力学性质、黏度、稠度、晶粒大小、导热性等。其中在果蔬糖制上较为重要的有糖的溶解度与晶析、蔗糖的转化、糖的吸湿性、甜度、沸点及凝胶特性等。探讨这些性质，目的在于更好地提高制品的品质和产量。

二、糖制品对原料的要求

我国幅员辽阔，气候适宜，果蔬种类多（图1-1），各种糖渍制品品种繁多。加工工艺的灵活运用与不断改进，以及对果蔬原料的充分利用，为糖渍加工开拓了广泛的原料来源，提供了更有利的条件。除正品水果、蔬菜之外，凡是各种果蔬的级外品，未熟果，过熟果，各成熟度的自然落果，酸、涩、苦味果，半烂果，虫蚀果，重伤果，病斑果，畸形果，野生果，滞销果等，均可依其特点加以合理利用，用作精深加工原料。

图 1-1　糖制品原料

但是，原料品质决定制品品质，为保证制品的良好品质，在上述广泛的原料来源中，如何合理利用，化劣为优，化无用为有用，化不利为有利，是工艺上一个重要问题。原料选择的最终目的，就是要保证制品的质量。例如，梨的糖渍加工对梨原料的选择，在尚无办法克服石细胞的粗糙感之前，不能滥用富含石细胞的梨果为糖渍加工原料。但仍可选用优良品种的压伤果、半烂果、虫蚀果、病斑果等等尚有食用价值的部分。

对原料的选择必须依据原料的糖渍加工特点加以考虑，利用其优点，克服其缺点，消除不利点。因此，对原料的糖渍加工特性，必须了解掌握。每一原料的加工特性随加工品的种类与要求而各有不同。例如，制酒的果蔬原料，要求富含糖分或淀粉；而糖渍加工原料，却必须重视原料的组织结构与组成成分对糖渍的影响。掌握了这些有关特性，就可以灵活运用制出优良的制品。有关各种果蔬原料的糖渍加工特性，将在各种制品的加工法各论中分别加以介绍。

糖渍加工的果蔬原料来源不一，尤其是在采用级外果、落果、坏果、劣质果、野生果等时，原料的选别就更显得重要，必须在保证质量的前提下加以选择。对完好的正品原料，按照某一制品对原料的要求加以选择，这将在某一制品的具体加工法各论中论述。

糖渍制品原料的选别，以感官品质为主。例如，对半烂果、受伤果、虫蚀果等等级外次果，选别时对品质要求更严格，必须把劣质部分彻底切除。应在选别的具体操作规程中加以规定，并严格检查执行情况。

经选别后的原料，必须在短时间内进行处理。尤其是非完好的不正常果蔬，其变质情况随放置时间的加长，会有不同程度的发展。最好当日选别，当日处理，不可超过24h，视原料的具体情况而定。

对果蔬原料的选别，有时也就是分级。分级有时也就是选别的一个过程，即单指把选好后的原料再根据不同需要来分选。这样的分级，一般是为便于以后的机械处理。

常用的分级方法有按品质分级及按大小分级。按品质分级是由排列在传送带两旁的分级人员以感官判别原料品质，不合规格的挑出，合规格的就由传送带送到前端并落入接收器中，或送到下一工序处理（图1-2）。按大小分级，由各种类型的分级机进行。一般结构原理是，通过传送装置将原料经过不同大小的圆孔分筛，达到分级目的。

图 1-2　糖制品原料的品质分级

三、园艺产品的预处理

1.果品的选别和分级

进厂的原料绝大部分含有杂质，且大小、成熟度有一定的差异。果品原料选别和分级的主要目的首先是剔除不合加工要求的果品，包括未成熟或过熟的，已腐烂或长霉的果品，还有混入果品内的沙石、虫卵和其他杂质，从而保证产品的质量。其次，将进厂的原料进行预先的选别分级，有利于以后各项工艺过程的顺利进行。如将柑橘按不同的大小和成熟度分级后，就有利于制订出最适合于每一级的机械去皮、热烫、去囊衣条件，从而可保证良好的产品质量和数量，同时也可降低能耗和辅助材料的用量。选别时，将进厂的原料进行粗选，剔除虫蛀、霉变和伤口大的果实，对残次果和损伤不严重的则先进行修整后再应用。果品的分级包括大小分级、成熟度分级和色泽分级几种，分级时视不同的果品种类及这些分级内容对果品加工品的影响而分别采用一项或多项。

在我国，成熟度分级常用目视估测的方法进行。在果品加工中，桃、梨、苹果、杏、樱桃、柑橘等常先要进行成熟度分级。大部分果品经目视分成低、中、高三级，以便于能合理地制订后续工序。速冻酸樱桃常用灯光法进行色泽和成熟度分级。

色泽的分级与成熟度分级在大部分果品中是一致的，常按色泽的深浅分开。除了在预处理以前分级外，大部分罐藏果品在装罐前也要进行色泽分级。

按体积大小分级是分级的主要内容，几乎所有的加工果品均需按大小分级。

分级的方法有手工分级和机械分级。

（1）手工分级　在生产规模不大或机械设备配套不全时常用手工分级，同时可配备简单的辅助工具，如圆孔分级板、蘑菇大小分级尺等。分级板由长方形板上开不同孔径的圆孔制成，孔径大小视不同的果品种类而定，通过每一圆孔的算一级。但不应在孔内硬塞下去，以免擦伤果皮。另外，果实也不能横放或斜放，以免大小不一。

除分级板外，还有根据同样原理设计而成的分级筛，适用于果品，而且分级效率高，比较实用。

（2）机械分级 采用机械分级可大大提高分级效率，且分级均匀一致，目前常用的机械有滚筒式分级机（图 1-3）、振动筛和分离输送机等。这些分级机的分级都是依据原料的体积和重量不同而设计的。随着计算机的发展，把计算机与分级机连接于一起，利用计算机鉴别被分离果品的色泽、重量或体积，可完全实行自动化分级，现已成功地应用在苹果、猕猴桃等的分级中。

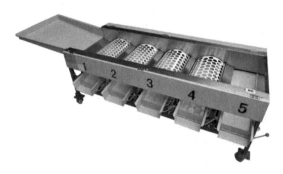

图 1-3 滚筒式分级机

除了各种通用机械外，果品加工中有许多专用的分级机械，如橘片专用分级机和菠萝分级机等。

2. 果品的清洗

果品原料清洗的目的在于洗去果品表面附着的灰尘、泥沙、大量的微生物以及部分残留的化学农药，以保证产品的清洁卫生，从而保证制品的质量。果品原料在生产过程中常有许多来自土壤和植物器官的微生物。据报道，长有"烟煤"的甜橙，其表面的带菌数达每平方厘米几千甚至几十万个，某些受损伤的果品也同样含有大量的微生物。洗涤对于减少物料的带菌数，特别是耐热性芽孢，具有十分重要的意义。此外，现代农业常大量使用农药，洗涤对于除去果品表面的农药残留也有一定的意义。

对于农药残留的果品，或如枇杷等要手工剥皮的果品以及制取果汁、果酱、果酒、果冻等制品的原料，洗涤时常应在水中加化学洗涤剂。常见的有盐酸、醋酸，有时用氢氧化钠等强碱以及漂白粉、高锰酸钾等强氧化剂，可除去虫卵，减少耐热性芽孢。近年来，更有一些脂肪酸系的洗涤剂如单甘油酸酯、磷酸酯盐、蔗糖脂肪酸酯、柠檬酸脂肪酸甘油酯等应用与生产。

果品的洗涤方法多种多样，须根据生产条件以及果品形状、质地、表面状态、污染程度、夹带泥土情况与加工方法而定。

（1）手工清洗 手工清洗是简单的方法，所需设备只要清洗池、洗刷和搅动工具即可。在池上安装水龙头或喷淋设备，池底开设水孔，以便排除污水。有条件时，在池靠底部装上可活动的滤水板，清洗时，泥沙等杂质可随时沉入底部，使上部水较清洁。大小可按需要建造，可建成方形、长形或圆形，池体可用砖砌成，再铺磨石和混凝土或瓷砖，也可用不锈钢板单个制成，池底安装重锤排污阀。

手工清洗简单易行，设备投资少，适用于任何种类的果品，但劳动强度大，非连续化，效率低。对于一些易损伤的果品如杨梅、草莓、樱桃等，此法较合适。

普通手工清洗池可制成长方形，大小随意，也可以几个连在一起，在清洗池上方安装冷、热水管和喷头，用以洗涤果品。另设一根水管直通池底，用于洗涤不需喷洗的原料。在清洗池上方有溢水管，下方为排水管。池底可安装压缩空气管，通入压缩空气使水翻动，提高清洗效果。

（2）机械清洗 用于果品清洗的机械多种多样，典型的有如下几种：

① 滚筒式清洗机。主要部分是一个可以旋转的滚筒，筒壁呈栅栏状，与水平面呈3°左右的倾斜，安装在机架上。滚筒内有高压水喷头，以 $300\sim400kPa$ 的压力喷水。原料由滚筒一端经流水槽进入后，即随滚筒的转动与栅栏板条相互摩擦至出口，同时被冲洗干净。此种机械适合于质地比较硬和表面不怕机械损伤的原料，如李子、黄桃等均可用此法。

② 喷淋式清洗机。在清洗装置的上方或下方均安装喷水装置，原料在连续的滚筒或其他输送带上缓缓向前移动，受到高压喷水的冲洗（图1-4）。喷洗效果与水压、喷头与原料间的距离以及喷水的水量有关，压力大、水量多、距离近，则效果好。此法常在柑橘制汁等连续生产线中应用。

图1-4　喷淋式清洗机

③ 压气式清洗机。基本原理是在清洗槽内安装有许多压缩空气喷嘴，通过压缩空气使水产生剧烈的翻动，物料在空气和水的搅动下进行清洗。在清洗槽内的原料可用滚筒、金属网、刮板等传递。此种机械用途广，常见的有草莓洗果机。

④ 桨叶式清洗机（图 1-5）。这是在清洗槽内安装有桨叶的装置，每对桨叶垂直排列，末端装有捞料的斗。清洗时，槽内装满水，开动搅拌机，然后可连续进料，连续出料。新鲜水也可以从一端不断进入。

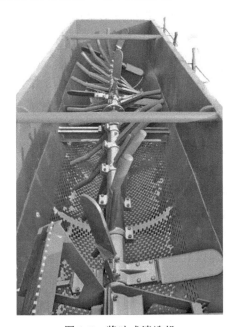

图 1-5　桨叶式清洗机

3. 针刺

针刺是对皮层组织紧密或有蜡质不易透糖、透盐的小果（如金橘、李、枣等）所采取的措施。李在制盐坯时，除用擦皮法外，也可用针刺。枣也可用针刺法代替传统的划皮，枣的划皮虽曾设计有木制踏板式简单划皮机，但尚未通用。针刺可采用针刺机，其主要结构为两个相对滚动的针刺辊，表面布满长约 3～5mm 的尖针，两辊转速为 150～200r/min。下部有具有棕刷的高速刷落辊，把针刺后粘在针刺辊上的小果刷落入下部的接收器中，生产率为 0.5t/h，动力为 0.37kW。两针刺辊的辊距可调节，以恰能使果落入两辊之间，皮层受到针刺，不致压破果肉为度。果粒呈单层排列滚入两辊之间，受到针刺后，由刷落辊刷入接收器中。

橄榄亦可采用针刺两次，以加快在盐腌及糖渍中的透盐、透糖。

4. 擦皮

皮层易于擦除的果蔬，可利用摩擦的方式把皮层擦除。擦皮有两种不同要求，一是仅把外皮擦伤，使易透糖、透盐。为达此目的，一般都是在容器中把果与粗砂或粗盐相混，然后转动容器或摇动容器，使粗盐或粗沙与果身相互摩擦，以达到擦伤皮层的目的。这是我国传统采用的方法。二是要求是把皮层擦去一薄层，例如擦去柑橘表皮的油胞层，或擦去薯类的表皮等，可以采用抛滚式擦皮机。其主要结构为具有旋转底盘的糙壁圆筒，旋转底盘由电动机带动。原料由上方加入后，受到旋转底盘旋转所产生的离心力的作用而被抛向圆筒糙壁，受到粗糙面的摩擦，同时由加水管加水，把擦落的果皮冲出圆筒。

5. 去皮的类型及去皮的方法

（1）去皮的类型　常用的有削皮、刮皮及剥皮。

对形状规则的圆形果，如梨、苹果等，一般常用由手工转动的小型削皮器及电机带动的大型削皮机削皮。主要结构为由手摇矢轮带动或皮带轮带动的尖轴头。尖轴头插入果心（纵向），带动果子旋转，旁边有可调节的削果刀，果刀接触果皮，果皮即被削成条带状而分离。最后由卸果器把果子拨离尖轴。

对皮层细嫩的果蔬及形状不规则的果蔬如木瓜、南瓜等，只能用简单的手工刮皮器刮除外皮。对细嫩的皮层，如不影响风味，可连皮加工。

对皮层疏松易于剥除的水果，如柑橘类、香蕉、荔枝等，常用手工剥除。对柑橘果皮可作副产品利用的，应在清洗后，晾干水分再进行削皮。所得果皮视利用的目的，在短时间内加以处理。例如：作为陈皮原料利用时，须把柑橘皮层用刀分割成四份，再依刀痕分剥成四瓣，然后把分瓣分开压平、晒干或烘干保存。若作果皮冻糕类原料时，立即送加工车间处理。对荔枝果皮若作为提取果皮拷胶的原料时，也要及时处理，以免霉坏损失。

（2）去皮的方法　果品外皮一般口感粗糙、坚硬，虽有一定的营养成分，但口感不良，对加工制品均有一定的不良影响。如柑橘外皮含有精油和苦味物质；桃、梅、李、杏、苹果等外皮含有纤维素、果胶及角质；荔枝、龙眼的外皮木质化。因而，一般要求去皮。只有在加工某些果脯、蜜饯、果汁和果酒时因为要打浆、压榨或其他原因才不用去皮。

去皮时，只要求去掉不可食用或影响制品品质的部分，不可过度，否则会增加原料的消耗，且可造成产品质量低下。果品去皮的方法很多，常见的有手工去皮、机械去皮、碱液去皮、热力去皮及冷冻去皮，此外还有处在研究中的酶法去皮、真空去皮等。

① 手工、机械去皮。手工去皮是用特别的刀、刨等工具人工削皮，应用较广。其优点是去皮干净、损失率低，并可有修整的作用，同时也可与去心、去核、切分等同时进行，在果品原料质量较不一致的条件下更能显示出其优点。但手工去皮费工、费时、生产效率低，大量生产时困难较多。此法常用在柑橘、苹果、梨、柿、枇杷等果品上。

机械去皮采用专门的机械进行，机械去皮机主要有下述三大类。

a.旋皮机。主要原理是在特定的机械刀架下将果品皮旋去（图1-6），适合于苹果、梨、柿、菠萝等大型果品。

b.擦皮机。利用内表面有金刚砂，表面粗糙的转筒或滚轴，产生摩擦力而擦去表皮。这种方法常与热力去皮连用，如桃的去皮。

c.专用的去皮机械。专门为某种果品去皮而设计，如菠萝去皮机（图1-7）。

机械去皮比手工去皮的效率高，质量好，但一般要求去皮前原料有较严格的分级。另外，用于果品去皮的机械，特别是与果品接触的部分应用不锈钢制造，否则会使果肉褐变，且由于器具被酸腐蚀而增加制品内的重金属含量。

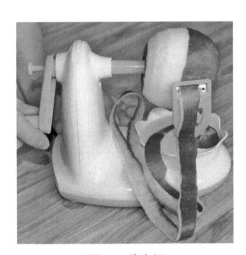

图1-6　旋皮机

图1-7　菠萝去皮机

② 碱液去皮。碱液去皮是果品原料去皮中应用最广的方法，其原理是利用碱液的腐蚀性来使果品表面内的中胶层溶解，从而使果皮分离。绝大部分果品如桃、李、苹果等，皮是由角质、半纤维素组成的，果肉由薄壁细胞组成，果皮与果肉之间为一层中胶层，富含果胶物质，将果皮与果肉相连。在碱的作用下，此层甚易溶解，从而可使果品表皮易剥落。碱液处理的程度也由此层细胞的性质决定，只要求溶解此层细胞，这样去皮合适且果肉光滑，否则就会腐蚀果肉，使果肉部分溶解，表面毛糙，同时也会增加原料的消耗损失。

碱液去皮常用氢氧化钠，因其腐蚀性强且价廉。也可用氢氧化钾或者其与氢氧化钠的混合液，但氢氧化钾较贵。有时也用碳酸氢钠等碱性稍弱的碱，或者是用碳酸钠（土碱与石灰的混合液），这种碱液适用于果皮较薄的果品。为了帮助去皮可加入一些表面活性剂和硅酸盐，因它们可使碱液分布均匀，易于作用。

碱液去皮时碱液浓度、处理时间和碱液温度为三个重要参数，应视不同的果品原料种类、成熟度和大小而定。碱液浓度高、处理时间长及温度高会增加皮层的松离及腐蚀程度。适当增加任何一项，都能加速去皮作用。如温州蜜柑囊瓣去囊衣时，0.3%左右的碱液在常温下需12min左右，而在35～40℃时只需7～9min，在0.7%的浓度下45℃时仅5min即可。生产中必须视具体情况灵活掌握，只要处理后经轻度摩擦或搅动能脱落果皮，且果肉表面光滑即为适度的标志。几种果品的碱液去皮参考条件如表1-2所列。

表1-2　几种果品的碱液去皮参考条件

果品种类	NaOH浓度/%	液温/℃	处理时间/min	备注
桃	1.5～3	90～95	0.5～2	淋或浸碱
杏	3～6	90以上	0.5～2	淋或浸碱
李	5～8	90以上	2～3	浸碱
苹果	8～12	90以上	2～3	浸碱
海棠果	20～30	90～95	0.5～1.5	浸碱
梨	8～12	90以上	2～3	浸碱
全去囊衣橘片	0.3～0.75	30～70	3～10	浸碱
半去囊衣橘片	0.2～0.4	60～65	5～10	浸碱
猕猴桃	10～20	95～100	3～5	浸碱
枣	5	95	2～5	浸碱
青梅	5～7	95	3～5	浸碱

经碱液处理后的果品必须立即在冷水中浸泡、清洗，反复换水。同时搓擦、淘洗，除去果皮渣和黏附余碱，漂洗至果块表面无滑腻感，口感无碱味为止。漂洗必须充分，否则有可能导致果品制品，特别是罐头制品的pH值偏高，导致杀菌不足，使产品败坏，同时口感也不良。为了加速降低pH值和清洗，可用0.1%～0.2%的盐酸或0.25%～0.5%的柠檬酸水溶液浸泡，这种方法还有防止果品变色的作用。盐酸比柠檬酸好，因盐酸解离的氢离子和氯离子对氧化酶有一定的抑制作用，而柠檬酸较难解离；同时，盐酸和原料的余碱可生成盐类，抑制酶活力；盐酸更兼有价格低廉的优点。

碱液去皮的处理方法有浸碱法和淋浸法两种。

a.浸碱法。可分为冷浸与热浸，生产上以热浸较常用。将一定浓度的碱液装在特制的容器（热浸常用夹层锅）中，将果实浸一定的时间后取出搅动，摩擦去皮，漂洗。

简单的热浸设备常用夹层锅，用蒸汽加热，手工浸入果品、取出、去皮。大量生产可用连续的螺旋推进式浸碱去皮机或其他浸碱去皮机械。其主要部件均由浸碱箱和清漂箱两部分组成。

b.淋碱法。将热碱液喷淋于输送带上的果品上，淋过碱的果品进入转筒内，在冲水的情况下与转筒内表面接触，翻滚摩擦去皮。杏、桃等果实常用此法。

碱液去皮优点甚多，首先是适应性广，几乎所有的果品均可应用碱液去皮，且对表面不规则、大小不一的原料也能达到良好的去皮目的。其次，碱液去皮掌握合适时，损失率较少，原料利用率较高。最后，此法可节省人工、设备等。但必须注意碱液的强腐蚀性，注意安全，设备容器等必须由不锈钢制成或用搪瓷、陶瓷，不能使用铁或铝制容器。

③ 热力去皮。果品先用短时间的高温处理，使之表皮迅速升温而松软，果皮膨胀破裂，与内部果肉组织分离，然后迅速冷却去皮。此法适用于成熟度高的桃、杏、枇杷等。

热力去皮的热源主要有蒸汽（常压和加压）与热水。蒸汽去皮一般采用近100℃的蒸汽，这样可以在短时间内使外皮松软，以便分离。具体的热烫时间，可根据原料种类和成熟度而定。

用热水去皮时，小量的可采用锅内加热的方法。大量生产时，采用带有传送装置的蒸汽加热沸水槽。果品经短时间的热水浸泡后，用手工剥皮或高压冲洗。桃可在100℃的蒸汽下处理 8～10min，淋水后用毛刷辊或橡皮辊冲洗；枇杷经95℃以上的热水烫 2～5min 即可剥皮。

④ 酶法去皮。柑橘的囊瓣，在果胶酶的作用下，可使果胶水解，脱去囊衣。将橘瓣放入 1.5％果胶酶液中，在 35～40℃、pH 值 2.0～3.5 的条件下处理 3～8min，可达到去囊衣的目的。酶法去皮能充分保存果品的营养、色泽及风味，是一种理想的去皮方法。但酶法去皮只能用在果皮较薄的原料上，且成本高。

⑤ 冷冻去皮。将果品在冷冻装置中经轻度表面冻结，然后解冻，使皮松弛后去皮，此法适用于桃、杏、核桃内皮的去除。研究发现，核桃仁在−40℃下迅速冷冻，然后在 0℃下用强冷风吹即可使核桃仁皮脱落。

除以上去皮方法外，另外还有真空去皮、火焰去皮、紫外线去皮等方法。

6. 切分、去心（核）、修整、破碎

体积较大的果品原料在罐藏、干制、加工果脯与蜜饯时，为了保持适当的形状，需要适当地切分。切分的形状则根据产品的标准和性质而定。制果酒、果汁，加工前需破碎，使之便于压榨或打浆，提高取汁效率。核果类加工前需去核，仁果类则需去心。有籽的柑橘类制罐头时需去籽。枣、柑橘、梅等加工蜜饯时需划缝、刺孔。罐藏或果脯、蜜饯加工时为了保持良好的形状外观，需对果块在装罐前进行修整。

上述工序在小量生产或设备较差时一般手工完成，常借助于专用的小型工具，如枇杷、山楂、枣的通核器，匙形的去核器，金柑、梅的刺孔器等。规模生产常用多种专用机械，如劈桃机、多功能切片机和专用切片机等。

果品的破碎常由破碎打浆机完成。刮板式打浆机也常用于打浆、去籽。制取果酱时果肉的破碎常采用绞肉机进行。果泥加工可用磨碎机或胶体磨。

葡萄破碎、去梗、送浆联合机为我国葡萄酒厂的专用设备，成穗的葡萄送入进料头后，经成对的破碎辊破碎后，去梗，再一起送入发酵池中，自动化程度很高。

7. 果品的烫漂

果品烫漂，在生产中常称预煮，即将已切分的或经其他预处理的新鲜原料放入沸水或热蒸汽中进行短时间的处理。主要目的在于：

① 果品原料经过烫漂处理后可以钝化其内部的酶，排除果实内部空气，防止果品多酚类物质、色素及维生素 C 等发生氧化褐变，具有稳定或改进色泽的作用。

② 原料经烫漂后，组织细胞死去，膨压消失，改变了细胞膜的通透性。在果品干制、糖制过程中，使水分易蒸发，糖分易渗入，不易产生裂纹和皱缩。

③ 烫漂可以除去果品表面的大部分污物、虫卵、微生物及残留农药。

④ 由于空气从组织中排出，体积缩小，烫漂以后组织比较透明，色泽明亮。

但是烫漂同时要损失一部分营养成分，热水烫漂时，果品要损失一定量的可溶性固形物。果品烫漂常用的方法有热水和蒸汽两种。热水烫漂的优点是物料受热均匀，升温速度快，方法简便。缺点是可溶性固形物损失多，其烫漂用水的可溶性固形物浓度随烫漂的进行不断加大，且浓度越高，果品中的可溶性物质损失越多，故应不断更换。

果品烫漂的方法可用手工在夹层锅内进行，现代化生产常采用专门的连续化机械。依其输送物料的方式，目前主要机械有链带式连续预煮机和螺旋式连续预煮机。

果品烫漂的程度，应根据果品的种类、块形、大小、工艺要求等条件而定。一般情况下，从外表上看果实烫至半生不熟，组织较透明，失去新鲜果品的硬度，但又不像煮熟后的那样柔软即被认为适度。烫漂条件也以果品中最耐热过氧化物酶的钝化作为标准，特别是在干制和冷冻时更如此。

8. 果品的抽空处理

某些果品如苹果、梨等内部组织较松，含空气较多，对加工不利，需进行抽空处理，即将原料在一定的介质里置于真空状态下，使内部空气释放出来，代之为糖水或无机盐水等介质。

果品的抽空装置主要由真空泵、气液分离器、抽空锅组成。真空泵采用食品工业中常用的水环式，除能产生真空外，还可带走水蒸气。抽空锅是带有密封盖的圆形筒，内壁用不锈钢制造，锅上有真空表、进气阀和紧固螺丝。

果品抽空的具体方法有干抽和湿抽两种，分述如下。

（1）干抽法　将处理好的果品装于容器中，置于 90kPa 以上的真空室或锅内抽去组织内的空气，然后吸入规定浓度的糖水或盐水等抽空液，使之淹没果面5cm 以上，当抽空液吸入时，应防止真空室或锅内的真空度下降。

（2）湿抽法　将处理好的果实，浸没于抽空液中，放在抽空室内，在一定的真空度下抽去果内的空气，抽至果品表面透明。

果品所用的抽空液有糖水、盐水、护色液三种，因种类、品种和成熟度而选用。原则上抽空液的浓度越低，渗透越快；浓度越高，成品色泽越好。

抽空处理的条件和参数主要有：

（1）真空度　真空度越高，空气逸出越快，一般在 87～93kPa 为宜。成熟度高，细胞壁较薄的果品真空度可低些，反之则要求高些。

（2）温度　理论上抽空液温度越高，渗透效果越好，但一般不宜超过 50℃。

（3）抽气时间　果品的抽气时间依品种而定，一般抽至抽空液渗入果块，果块呈透明状或半透明状即可，生产时应做小型试验。

（4）果品受抽面积　理论上受抽面积越大，抽气效果越好。小块比大块好，切开好于整果，皮核去掉的好于带皮核的。但这应根据生产标准和果品的具体情况而定。

9. 果品的护色

果品去皮和切分之后，与空气接触会迅速变成褐色，从而影响外观，也破坏了产品的风味和营养品质。这种褐变主要是酶褐变，由果品中的多酚氧化酶氧化具有儿茶酚类结构的酚类化合物，最后聚合成黑色素所致。关键的作用因子有酚类底物、酶和氧气。因为底物不可能除去，一般护色措施均从排除氧气和抑制酶活力两方面着手，在加工预处理中所用的方法有下述几种。

（1）食盐水护色　即将去皮或切分后的果品浸于一定浓度的食盐水中。其原理是食盐对酶活力有一定的抑制和破坏作用；另外，氧气在盐水中的溶解度比空气中的小，故有一定的护色效果。果品加工中常用 1%～2% 的食盐水护色。桃、梨、苹果、枇杷类均可用此法。用此法护色后应注意漂洗净食盐，这对于果品品质尤为重要。

（2）熏硫和亚硫酸盐溶液护色　熏硫是将被护色的果品放入密闭室中，点燃硫黄或直接通入 SO_2 气体，使果品吸收 SO_2 气体，达到护色的目的。一般每100kg 果品需要硫黄 2kg 或每立方米熏硫室空间约用 200g。

亚硫酸盐既可防止酶褐变，又可抑制非酶褐变，效果较好。常用的亚硫酸盐有亚硫酸钠、亚硫酸氢钠和焦亚硫酸钠等。罐头加工时应注意采用低浓度，并尽量脱硫，否则易造成罐头内壁产生硫化斑。但干制等可采用较高的浓度。有报道称，加工香蕉泥可用 2% 的亚硫酸钠护色。

硫处理不仅可用于对果品的护色处理，而且常用于在半成品保存中延长果品的保藏期。

（3）酸溶液护色　酸性溶液可降低 pH 值以及果品多酚氧化酶的活力，而且由于氧气在酸液中的溶解度较小而兼有抗氧化作用，大部分有机酸还是果品的天然成分，所以优点甚多。常用的酸有柠檬酸、苹果酸或抗坏血酸，但后者费用较高，故除了一些名贵的果品或速冻时加入外，生产上一般采用柠檬酸，浓度在0.5%~1%左右。

另外，有时可把食盐、亚硫酸氢钠、柠檬酸三者混合在一起使用，它们可起到相互协同作用，增强护色效果。工厂最常用的护色液是 2% 的氯化钠、0.2% 的柠檬酸和 0.02% 的亚硫酸氢钠混合液，可对绝大多数果品的护色起到很好的作用。

除以上三种护色剂外，烫漂和抽真空处理也是常用的护色方法，且效果很好，尤其是烫漂。

10. 原料的肉质处理

果蔬的糖渍加工，主要是把果蔬的肉质进行糖渍处理。因而肉质处理决定了成品的品质与形状，这是原料预处理中的重点。由于制品复杂繁多，在肉质处理上也因种类与品种的不同而有多种不同的处理方法，有单一处理法，也有混合处理法。这将在制品工艺各论中详述，为便于叙述，此处做单项分述。

（1）分切　大型果蔬多是分切后才进行加工的。分切的形状大致上就是成品的形状。因而在决定分切形状之前，应就原料组织特性、加工透糖的难易、所采用的加工方法，以及成品美观及包装等问题，加以综合考虑。

分切的形状，大致可分为厚片、薄片，大粒、小粒，粗丝、细丝。其中又分整齐形及不整齐形，半球形与分瓣形，角片形（包括方角形、多角形）及圆片形，普通形及特种艺术形，等等。在考虑采取什么形状时，果肉组织特性是主要因素。例如：椰子果肉切成薄片及细丝才有利于透糖，而冬瓜却不能同样处理；碧桃、慈姑可采用半果半球形，而金橘、蜜枣却不能同样处理。因此在分切上有疑问时，最好先做切形比较试验，以求得恰当的分切形状。

为提高制品的商品质量，分切要求整齐划一。为充分利用原料，分切后的整齐形与不整形，最好分别处理。某些制品在制成后再行分级包装。作为优级商品，在形状上要求整齐划一。

（2）打浆　打浆是把果肉打成细浆与汁液的混合物，以便进行糖渍加工。果蔬的果皮有不良成分会影响浆汁风味的，就要先除果皮。果核有不良风味且易于打烂的，也要先除果核。大果肉要先切碎。常用的打浆机有筛板式打浆机，主要结构为圆筒机身内具有一个固定有叶状打浆桨的轴。圆筒机身的上半部为不锈钢壁，下半部为不锈钢筛。碎果肉由入口斗加入，经斗底的螺旋推进器推入圆筒机身中，即被高速旋转的叶片打浆击烂，同时被叶桨的离心力甩向筒壁受到冲击而被打烂，打成的细浆汁由于离心力抛经筛孔流到底部的浆汁收槽中再由出口排出。留在筒内的粗渣部分，从机后除出。

对果肉组织致密、坚实的，如椰子、未成熟的木瓜等，可把果肉切碎后加入磨细机中磨成浆状。磨细机主要由旋转磨盘与固定磨盘组成，由电动机带动旋转磨盘高速旋转。原料从入口斗加入，落到旋转磨盘与固定磨盘之间，受到两磨盘的摩擦，磨细后由固定磨盘的出料口排出。对汁液不多的原料，常在磨浆时辅助加水，使易于磨细及排出。或把果肉加水煮软后连同煮水一同磨浆。

取甜橙浆汁时，采用甜橙钻浆机比用打浆机为好。其主要结构为由多个高速转动轴，一头装有可以随果形大小更换的钻头。把橙剖半，不用除皮，仰放入可以自动仰合的果碗中，当果碗与高速钻头相合时，浆汁即被钻出，流入流槽中，果碗随即自动仰起，把果皮甩出。此设备可避免剥皮工序及避免浆汁污染果皮细胞。浆汁流槽中有螺旋推进器将浆汁推向振动筛以除去种核，即得净浆汁。每一机组的生产率为 0.5t/h。

对果肉较致密的水果，可采用刀浆式打浆机。其主要结构为机槽内安装有具有不锈钢刀浆的转动轴，由电机带动做高速旋转。当果蔬由入料口加入机槽中后，受到高速旋转的刀浆的打击及切割，由于以螺旋角度装置的刀浆的作用，果浆不断上、下翻动，而受到均匀的打击及切割，从而被打成细浆。打开机槽底侧的出料口，开动刀浆，细浆则由侧旁的出料口抛甩出来。此设备每次处理量为 100kg，适宜果蔬可食部分的打浆。

（3）浆汁分离　浆汁分离是糖渍工艺中重要的预处理工序之一。有时以取浆肉为目的，汁液留作副产品另行利用；有时以取汁液为目的，浆肉留作副产品利用。

果蔬糖渍制品的特点是以干性与半干性制品为主，故以少汁状态下加工为有利。利用浆肉加工时，以浆肉含水量低于 50% 为宜，这可节省浓缩时间。利用汁液加工时，最终也须浓缩到固形物含量 60% 以上，故浆汁分离是糖渍加工常采取的措施。

欲进行浆汁分离的原料，在进行打浆时要求打得适当，使浆汁易于分离。

完全以取汁液为目的的浆汁分离，常用连续式螺旋榨汁机。其主要结构为一圆筒形机身，内装有高速转动的螺旋压榨轴。原料从入料斗加入后，由于螺旋不断向前推进而使原料受压榨出汁液。榨出的汁液经机身下半部的筛板过筛排到下部的承受槽中流出。榨渣则受到相当压力后自动压开弹簧门排出，故可连续加料，不用停机除渣。

以取浆肉为目的的，最适用的为离心式连续榨汁机。其主要结构为一个以 2700～3600 r/min 高速旋转的圆形筛回转篮。由打浆机经传送带送来的浆汁从上面入料回落入回转篮，受离心力的作用压向篮壁，汁液由筛孔甩向固定器壁，由底部排汁口排出，浆肉留在筛壁，积累后向篮壁溢出甩向器壁从出口排出。

（4）淡盐液处理　对果蔬肉质进行淡盐液处理有下列目的：

① 肉质分切后，为避免氧化变色，用淡盐液抑制氧化酶的活性。

② 利用淡盐液的渗透压，使果蔬肉质产生质壁分离现象，达到肉质脆嫩效果。

③ 利用淡盐液的渗透压以渗出果蔬组织中的某些不良成分。

④ 利用淡盐液配合明矾溶液的短期防腐性，短期保存果蔬肉质，留待加工。

针对上述各不同目的，所使用的淡盐液的浓度各有不同。为短时间抑制氧化酶活性，所用淡盐液的浓度约为 1%～2%。为使果蔬组织产生脆嫩效果，所用淡盐液的浓度约为 5%。为使组织渗出不良成分，淡盐液浓度可采用 8%～10%。以保存原料为目的的，在一周内，可用 10% 的淡盐液配合 3%～4% 的明矾溶液，在夏季气温下即可达目的。至于更长久的保存，则要用浓盐液处理。

淡盐液处理以采用精盐或较纯净的粗盐较好，绝不可用已污染任何杂质的食盐。

淡盐液处理后，用清水漂洗，然后进行下一工序。

（5）浓盐液处理　浓盐液处理只适用于果坯的腌制，为糖渍盐坯制品类的重要预处理之一。即先把果蔬制成盐坯半成品，以便用作多种盐坯制品的原料。盐坯腌制所起的作用如下：

① 利用浓盐液的高渗透压，使果蔬组织的细胞产生质膜分离现象，得以除去细胞组织中的不良成分。

② 利用浓盐液的高渗透压，同样可使与果蔬接触的微生物细胞组织产生质膜分离现象，从而抑制它们的生长与繁殖，达到保存果蔬组织的效果。

③ 利用浓盐液的高渗透性及溶解性，使果蔬组织中的内容物渗出，产生理化变化，从而改变果蔬组织的原有状态。例如：水分被渗出，糖分及酸溶出，蛋白质部分凝结，盐溶性蛋白质被溶出，伴随嗜盐微生物所起的分解作用，果胶物质分解，单宁成分被溶出及氧化，淀粉被分解，纤维素及半纤维素部分被分解，脂肪被氧化及分解，各种糖苷类及色素被溶出及分解，从而使果蔬组织及腌渍溶液产生极为复杂的理化变化，改变果蔬原有品质。此时，果蔬组织全部变成松软状态，剩下的绝大部分是纤维素与半纤维素组织及盐分，混有少量残留物。

在盐坯的腌制过程中，食盐对微生物生长发育的抑制作用，与微生物种类、盐液浓度、溶液的 pH 值、溶液的温度与溶解氧情况有密切关系。与盐腌有关的微生物，以嗜盐酵母及耐盐细菌为主。

嗜盐酵母类有好气性、嫌气性及半好气性的，它们的抗盐性也各有不同。

在盐坯腌制中最显而易见的微生物繁殖现象，是在盐腌池溶液表面，产生大量白色或淡黄色被膜菌体，有时带异味，发生大小气泡久久不消。与这些菌体接触的果蔬组织部分产生腐败现象。

盐腌池表面产生的大量白色、淡黄、灰黄以至褐色等被膜菌体，绝大部分属于产膜性酵母，主要包括以下几类。

毕赤酵母属粉状毕赤酵母在盐腌池溶液中构成被膜的最高温度为37℃，构成的大型菌落呈灰白色，表面起皱纹被膜。

日本接合酵母在盐腌池溶液中能生成具白色皱褶的厚膜，以后渐变黄褐色或灰褐色。老化后被膜渐渐下沉，表面只留一层薄被膜。溶液下面有大量菌体沉淀。也有在菌落内含有多数气泡不散的菌种。

盐渍接合酵母属在27℃生长灰白色皱褶被膜，有时形成黄色起伏不平的皱褶被膜。在食盐溶液的培养液中生成厚膜，无食盐时不产被膜。

产膜酵母属危害最广，在液面与空气接触时，很快就产生被膜。被膜下常有大小气泡，为CO_2气体，无酒精产生。此属酵母产生被膜的适宜温度为20～33℃。某些种如啤酒产膜酵母能产少量酒精，最适温度在20～25℃，多数能将糖类分解为二氧化碳及水。

圆形酵母属野生酵母危害也很广，到处存在，即使在盐腌池中，也大量存在。

由上可见，要使盐腌池中不产生此类菌膜要求很高的盐液浓度。盐液的浓度越低，生膜越快、越厚、越多，可以引起全腌池的腐败。一般盐坯腌池的盐液浓度，由于被果蔬组织渗出的汁液水分所冲稀，其浓度常在20％以下，因而久腌之下表面产生多量被膜，使在表面的果蔬组织很易变坏。

盐腌池中除酵母外还有耐盐性细菌混合存在。其中有乳酸菌、醋酸菌、酪酸菌及八叠球菌等。菌体发育的最适温度多在35℃左右，在15℃仍可发育。产物多为甲醇、乙醇、丙醇、醋酸、乳酸、蚁酸、酪酸、琥珀酸等。在盐腌池中多产生浑浊的沉淀。

此外，盐液的防腐能力也与溶液的pH值有关。酸性越强，与盐配合之下，盐液较稀也有较强的防腐作用。常见的盐腌酸梅及酸柠檬，在原汁腌液中，没有产生被膜现象，而其他低酸果蔬的腌制却很易产膜。

一般在液面上产膜的微生物多属好气性微生物。因此，在液面与空气接触时易于繁殖，故果蔬组织在腌制中若露出液面即易腐败。所以在腌制中，果蔬上面要放置竹木制的格帘，上面加以重石，把果蔬压到液面以下，使其不与空气接触。

腌渍所需时间，根据果蔬组织、用盐浓度与腌渍温度等而定。以全部透盐，组织软化为宜。组织致密坚实的，如橄榄、细小的柠檬等，腌透后的组织虽不甚软化，但果色变褐，组织较松，也易于看出是否腌透。如果组织透盐不够，盐坯烘干、晒干后，组织会十分坚硬，不易吸水与透糖，成为劣品盐坯。

果坯腌渍用盐量，一般多以原料量来计算。对一般梅、李等用盐量，常为原料量的 22%～25% 之间。腌渍后盐液为渗出的汁液所冲稀,溶液浓度常在 18% 上下。约腌两周即可透盐。如果延长腌渍时间作为贮藏,则盐液浓度要达到 23% 上下。最好腌透后即移出晒干贮藏,不宜在腌池中腌渍过久。

果蔬原料可以制成盐坯半成品的有:青榄、桃、李、梅、金橘、柠檬、细小未熟的芒果、嫩姜、较小未熟的番茄等。

进行腌制时,在腌池中一层果一层盐,直到满池为度。最上层撒多量盐覆盖腌果。约经 3～5d,果蔬组织中的水分为盐所析出,渐把食盐溶解成溶液,果蔬体积缩小。这时即加格帘,上加重石,把格帘压到液面下为止。腌到组织透盐为止。

为使组织易于透盐,对不易透盐的皮层组织,须进行透盐预处理。对金橘、细小番茄、李、青榄的皮层,可用针刺机进行针刺处理。李与青榄亦可进行擦皮处理。

对青榄、细小芒果、柠檬、野生桃等本身果汁不多,在盐腌后不能渗出足以淹过果面的汁液时,则必须及时补加 20% 浓度的盐水来浸渍以没过果面。在腌入池后 3～5d 间即可检查处理。否则中间部分尚留有空气,可使好气性微生物繁殖,导致发热变坏。

腌制盐坯所用原料盐及用具,注意不可被农药、污泥、铁锈污染。不可使用与金属长期接触过的含有其他金属的盐分。不可使用金属用具。

盐坯可以采用日晒方式进行干燥。盐坯是半成品,以后加工前还须经多次水浸、水漂的脱盐过程。晒场必须是清洁的水泥晒场,应防止一切污染及虫蚁。盐坯初晒时,开始果肉柔软,须在果肉晒到稍坚实时再进行翻动。以后每日翻动 2～3 次,约晒 2～3 周,停晒回潮之后再行补晒,晒透后贮藏待用,防潮保存。良好的果坯色浅,皱缩,表面具有盐霜。

(6) 热烫　糖渍加工中与干制加工中果蔬原料的热烫,其目的完全不同。糖渍加工中对原料果蔬热烫的目的如下:

① 使组织细胞受热破坏,有利于透糖。含淀粉质的原料组织则膨胀,也有利于透糖。

② 使紧密的组织变软,易于打浆。

③ 使组织中溶出更多果胶物质,有利于制品的黏稠或结冻。

④ 溶出不利于制品的不良成分,使其部分去除。

⑤ 烫洗去除制品表面的黏性糖分,使制品表面干燥不发黏。

⑥ 干果、干坯可迅速复水回软,有利于糖渍进行。

为达上述目的的热烫所采用的热烫方式(蒸汽热烫、沸水热烫或热水热烫)、热烫温度与热烫时间,随各制品的具体情况而不同,将在各论中加以介绍。

进行热烫时采用翻斗式热烫机效果较好。主要结构为在不锈钢的热烫槽中具有隔板，把槽隔成两半，内各具有可以翻转的多孔钢板斗，孔径为 20mm，容量为 20L，钢板斗与翻斗把手相联，以手压下把手即可将钢板斗提起翻转，把内容物全部倒出槽外。槽中装水后由蒸汽加热。加热蒸汽顺蒸汽管通入装在槽底的吹汽器。用蒸汽热烫时，槽内不加水，可直接吹入蒸汽进行热烫。槽上有溢流管以溢出过剩热水。槽底有排水管以排除废水。使用时，在槽中加水，以蒸汽加热到所需温度后，即将原料加入斗中进行热烫，摇动把手以摇动翻斗，使斗内原料受热均匀，一到所需热烫时间，即压下把手，翻斗即翻转把原料翻倒入容器中，完成热烫过程。

热烫也可利用蒸汽加热糖煮锅进行沸水热烫或热水热烫。糖煮锅为夹层不锈钢锅，用蒸汽加热；具有加热蒸汽控制及气压表，可以控制调节加热温度；锅身具有容量套，可依热煮容量更换大小容量套；有倾锅转动手轮，可以把锅中内容物倾倒出锅。糖煮锅便于一般在常压下进行糖煮及热烫之用。

（7）硫漂　硫漂是对果蔬组织用二氧化硫气体进行熏蒸，或用亚硫酸溶液浸泡。硫漂在果蔬的糖渍加工中并非重要措施，仅用于含单宁成分较多的、暴露于空气中易于变色的及干制半成品加工过程中易于变色的果肉组织。二氧化硫能与单宁成分中的酮基结合，使单宁成分不受氧化变色。例如：桃及苹果等在糖渍前的分切之后，即以 $0.1\%\sim0.2\%$ 的亚硫酸溶液浸泡。对糖渍原料半成品梨干、香蕉干等的干燥前的熏硫处理，都是硫漂措施之一。糖渍制品的硫漂处理，不存在硫黄残留量问题。因为在进一步的糖渍加工处理中，其残留量已在处理过程中除去。

硫漂采用熏硫时，在特设的熏硫室进行。熏硫室是一个能密闭的四壁光洁的房间，室内有木架及放置准备熏硫原料的竹筛，室内不可用金属用具。室中央放硫黄燃烧炉以产生二氧化硫气体，也可把燃烧炉设在室外，用管道导入二氧化硫气体入室熏蒸。1t 原料约耗硫黄 $2\sim2.5$kg。硫漂时间约为 30min。熏硫后，打开熏硫室换气。

已制成的糖渍成品不可同干制品一样在贮藏前进行防虫、防霉熏硫。

（8）浸灰　浸灰是把果蔬的肉质组织在含有石灰、明矾、氯化钙或亚硫酸氢钙等的水溶液中进行短时间的浸渍。其作用如下：

① 果肉易于煮烂的果蔬经浸灰后，组织中的果胶酸与石灰中、氯化钙中或亚硫酸氢钙中的钙离子结合生成不溶性的钙盐，或与明矾中的铝结合生成不溶性的铝盐，因而使果肉不易煮烂，而且口感带有脆性。

② 含酸分较多的果蔬，经浸灰后，中和了部分酸分，酸性降低。

③ 亚硫酸氢钙是用 0.6% 的消石灰溶液与含 $0.75\%\sim1.0\%$ 的二氧化硫的亚硫酸作用而得。其水溶液的浸灰作用除有石灰的作用之外，还具有亚硫酸的漂白作用。

浸灰所需时间，依据分切组织的厚薄、大小而定，以浸灰透到中心为止。浸灰不够时，在糖煮过程中，未透灰的中心部组织比较软烂，易造成制品中心部软烂而四周较硬。浸灰过度时，组织部分碱化变色。可用 pH 试纸贴到组织中心断面上，若试纸全部变为蓝色，表示浸灰已到中心部，否则仍须继续浸灰。浸灰后用大量清水漂净。

需要注意的是，并不是所有的果蔬组织都可浸灰。以果胶物质与半纤维素结合较多的，浸灰后果肉有脆嫩感。若果胶与纤维素结合较多的，则浸灰后果肉粗糙有木质感。前者如冬瓜、苹果等，后者如柑橘类及柑橘果皮。以明矾溶液浸渍其脆化程度比用石灰溶液的低，久煮仍易软烂。对单宁成分较多的肉质，则浸亚硫酸氢钙液则可使果肉颜色浅淡，如桃、梨、苹果之类可用。

浸灰一般均在分切之后，热烫之前进行。

（9）除水　除水在果蔬的干制加工中则称为脱水。除水是指在糖渍加工过程中把果蔬组织中过多的水分除去一部分的措施。糖渍制品为便于取食、携带、包装及运输贮藏，一般多制成干态、半干态或潮润状态。因而含水过多或混有过多水分的果肉在进行糖渍之前，应先除去一部分水分，以利于糖渍处理。除去多少水分，随制品工艺要求而不同，所采用的除水方法，也与干制品的脱水稍有区别。常用的有下列方法：

① 渗透除水。利用食盐溶液或蔗糖溶液产生的渗透压，使果蔬组织中的水分渗出以达除水目的。J. D. Pouting 主张对果蔬切片以 75% 浓度的蔗糖溶液循环流动浸渍，在 49℃ 下脱水可达 50%，再配合在 1333.22Pa 低压下干燥，最后可脱水到 0.5%～3%。此法在干制加工中可以采用。在糖渍加工中，以干燥砂糖处理果蔬切片，除水达 60%，然后进行加热糖煮，可以缩短加热时间以减少长时间加热对制品所产生的不良影响。此外，以 5% 食盐量处理蔬菜原料，减除部分水分使组织脆嫩，也是常用的除水方法。

② 离心分离除水。经浸灰处理后用清水漂洗过的果蔬切片或细丝、经脱盐漂洗后的盐坯、经脱苦漂洗后的柚皮或陈皮等，其组织表面附有大量水分，不易在短时间内晾干或流干，若接着进行下一工序糖渍处理，则常易冲稀糖液，使预计浓度不易掌握。为此，在处理前须把此不易估计的附着水分除去。除去此种附着水最适宜的方法是采用离心分离式榨汁机，把含水过多的原料加入回转篮，在高速的离心作用下把水分除去。其优点是除水迅速，可以恰好除去附着的水分而不伤及原料的原本形状。

③ 吸收除水。吸收除水是糖渍加工特种工艺制品时所采用的措施。例如：在处理"花鸟橘皮""字母瓜"一类特制工艺糖渍品时，为除去原料薄片在浸灰处理与漂洗后所附着的过多水分及为便于雕刻工序的进行，可利用多孔性毛巾在平台上吸除过多水分，同时压平原料薄片，以利于套模雕刻。此种吸收除水是细

致的手工操作过程，要吸收水分至恰好便于套模雕刻的干湿度，不宜过干、过湿，以约有八成干为适度，初学者须在熟悉过程中渐次掌握。

（10）着色　在近代的糖渍加工中，果蔬糖渍制品的着色，由于食品卫生的要求已不采用，以维持原有本色为宜。但某些特别的糖渍艺术品，例如"花鸟橘皮"一类，仍可酌量着色。

现在已有多种合成食用色素，为食品卫生标准所限量使用。可供糖渍制品着色用的植物性天然食用色素有红紫色的苏木色素、玫瑰茄色素；黄色姜黄色素、栀子色素；绿色的叶绿素铜钠盐。可加入微量此类植物性天然色素，可用水煮浓缩的浸出液加乙醇适量保存备用。

进行着色时，先把果蔬组织用 $1\%\sim2\%$ 的明矾溶液浸渍后再行着色，然后糖渍；或把色素液调成糖渍液进行着色；或在最后制成糖渍品时以淡色液在制品上着色。着色要求淡、雅、鲜明、协调，最忌浓浊。传统制法对橄榄制品多加金黄粉，对金橘制品多加红色色素，似无效法必要。

（11）香料处理　果蔬糖渍加工中所采用的香料有多种天然香料及少量人工合成香料，以采用天然香料为主，此与一般糖果加工稍有区别。

天然香料包括下列各种：甘松、肉桂、豆蔻、丁香、小茴香、大茴香、沉香、檀香、木香、藿香、迷迭香、零陵香、薄荷、陈皮、白花、菊花、砂仁、菖蒲等以作香料为主；人参、黄芪、党参、当归、茯苓、尖贝、杏仁、首乌、枸杞子、五味子、益母、川芎等以取药效为主；甘草以作甘味料为主，罗汉果亦可用，但不及甘草。

此外，姜、胡椒、辣椒、花椒、葱、蒜、芹菜籽、芫荽籽、芥末籽等以作调味料为主。

另外有配合调味料用的咖喱粉、苏子粉、五香粉、香辣粉，花香料中的玫瑰糖浆、桂花糖浆、茉莉糖浆等。

人工合成香料中只用各种水果香精，其他不用。

以上各种香料的处理及使用方法如下：

① 以香料为主的中药料可研制成粉末，临时调配使用。亦可以 90% 脱臭酒精制成酒精抽出液，临时调配使用。

② 以药效为主的中药料，可制成浓缩流膏加 90% 脱臭酒精配成酒精浸膏调配使用。

③ 以调味料为主的，均以粉末状使用。

以上配合调味料多用于蔬菜类的糖渍加工，在水果类中只是个别制品偶有采用，其配合成分大同小异。花香料中的各种香花糖浆的制法，是在晴天时上午九时以前收集刚开放的鲜花，每公斤鲜花（除梗、除蒂，只要花瓣）加砂糖 5kg 置于搅拌机中搅拌到砂糖大半溶成糖浆，花瓣全部呈半透明为止。如检查还有花瓣未透明时，要补加砂糖并搅拌到全部呈半透明，否则会氧化变质。由于花瓣中多少含有单宁物质，故香花糖浆只能作为香料配合使用，不可作为糖渍原料单独使用。

各种药效中药流浸膏的制法，举一二例如下，其他以此类推。

川贝流浸膏：川贝即尖贝，亦称贝母。以产于四川的为好，故称川贝；以贝母形带尖，故又称尖贝。白色粒状，无味、无臭。药效作用是止咳、祛痰、清热、散结。把川贝 5kg 研成细粉，直接投入酒精度为 60％ 的 20L 饮用白酒中，一个月后可以使用。

人参流浸膏：人参的药效有补气、安神、强壮、生津等。把人参 10kg 切碎，加水 15kg，加热缓慢浓缩到 10kg，滤出浓缩液。人参再加水 10kg，慢慢浓缩到 5kg，然后连同人参与上次浓缩液 10kg 一同混合。补加 60％ 酒精度白酒 5kg 密闭贮存备用。

当归、首乌、枸杞子、五味子、益母、川芎、白芍等流浸膏，各用 90％ 脱臭酒精 4～5 倍量浸泡一个月后使用。

（12）酶制剂处理　酶制剂处理是在近代酶制剂工业发达的国家在工业上常用的措施。在糖渍加工中利用淀粉酶制剂以催化淀粉水解来消除原料中的淀粉的黏稠性，以利于糖渍的进行；利用果胶酶制剂催化果汁中果胶物质的分解，达到澄清果汁的目的；利用柚皮苷分解酶制剂分解柑橘原料中所含的苦味柚皮苷以达到脱苦目的。由于酶的作用具有选择性、专一性，用量极少，作用迅速，所以酶制剂处理已日受重视。

在工业发达国家已有专用的酶制剂商品供应，极为方便。例如，日本某公司为降低香蕉果肉在糖渍过程中因所含淀粉成分形成的黏度，利用商品 α-淀粉酶制剂处理香蕉，每千克香蕉果肉用 0.05g。酶制剂先用少量水溶解，加入果肉，然后以打浆机打浆，使果肉与酶充分接触，保持温度 68℃ 10min，即可降低其黏度。日本另一公司利用为原料重 0.1％～0.5％ 的商品柚皮苷酶制剂处理夏蜜柑果汁，获得良好的脱苦效果。利用商品果胶分解酶制剂（Pictinol，美国及德国产）0.01％～0.03％于 30～45℃ 下处理苹果汁 4～16h 可达澄清目的。

α-淀粉酶制剂可由枯草杆菌液体深层培养后，经澄清、过滤、浓缩到一定浓度，进行沉淀结晶制得，成品为白色粉末。果胶分解酶及柚皮苷分解酶则从黑曲霉的丝状菌培养液中精制而成。今后随着我国酶制剂工业的发展，在糖渍加工中应用酶制剂处理将会受到重视。

（13）压果　对整个小果，有时为便于浸灰及进行酶制剂处理，或使易于透糖，或使易于除核，常要把整果压扁，并压破果肉，但不使果肉压破到散碎的程度，也不使把果核带肉压烂。为达到此目的，传统的手工作坊常用简单的手工夹板，费时、费工。适用的设备有双辊压果机，其主要结构为相对滚动的两个橡皮双辊，两辊间的距离可由压距调节器调节到恰能压破果肉，不致压碎果核的压距。当小果由入口斗成排落入两辊间时，即被相对滚动的橡皮辊压破，从出果滑斗滑入收集器。每台机器每小时可处理 0.5～1.0t 的鲜果。适用于山楂、李、青小番茄、橄榄、小青桃等。

（14）成型　制品的成型为加工过程中最后一道重要工序。成型可采用下述任一形式：

① 酱粒状。把砂糖与浆肉的混合物烘到含水量为 18％～24％ 的干软酱状后，取指头大小的粒状进行单粒包装。

② 片粒状。把混合物放在烘盘中摊成薄片，烘到含水量为 12％～15％ 的片状后，切成 2cm×2cm 的小方片，然后进行叠片或散片包装。

③ 方粒状。把前项片粒状制片叠合成 2cm×2cm×2cm 的方形粒进行方形单粒包装。

④ 圆粒状。把混合物烘到含水量为 20％～22％ 之后，入圆粒成型机压成直径约为 1.5cm 大小的圆粒，入烘干机补烘到含水量约为 12％～15％，然后单粒或散粒包装。

⑤ 卷粒状。把混合物摊成厚约 0.5cm 的薄片，烘到含水量为 20％～22％ 后，卷成直径约为 2cm 的长条，再横切成 1.5cm×2cm 大小的卷粒，烘干后进行单粒包装或散装。

⑥ 方片状。把混合物摊成薄片，厚度在 1～1.5cm 之间，烘到含水量为 20％左右后，分切成 3cm×3cm 或 4cm×4cm 后包装。

⑦ 长片状。把方片状改为 3cm×5cm 的长片状进行包装。

⑧ 夹心片状。把上述长片状每两片或三片叠合，中间加果酱夹心、蛋奶夹心或巧克力夹心，烘干到含水量为 15％～18％ 后进行包装。

⑨ 圆片状。把混合物摊成厚约 0.5cm 的薄片，烘干到含水量为 14％～15％ 之后，压切成直径 4cm 的圆片，叠合成圆卷状包装。

⑩ 长条状。把上述薄片切成 1.5cm×6cm 的长条片，再叠合包装。

⑪ 卷条状。把混合物摊成厚约 0.5cm 的薄片，烘干到含水量为 22％左右后，卷成直径约为 2cm 的长条，再切成 6cm 长的小卷条，烘干后进行单卷包装，再用多卷盒装。

第四节　糖渍工艺理论及方法

水果、蔬菜糖渍加工的方法是依据果蔬的生物学特性和理化特性，结合制品对食用品质与色、香、味的要求，再配合制品对商品化所需要的包装及携带、取食、运输与贮藏（包括货架寿命）的条件，综合考虑所采用的一系列工艺措施。

由于所依据的条件的复杂性，与之相适应的加工方法也就十分复杂。只有结合这些条件确定其加工工艺，才能制出优良的制品，才能不为传统方法所局限，开发新产品及新工艺。

本章所论述的加工方法，就是依据这些条件而制订的新鲜果蔬"原料组织"的糖渍工艺。

一、透糖平衡

不改变果蔬的原有组织，在原样状态下进行糖渍加工，首先就要依据果蔬在新鲜状态下的组织结构特性及化学组成特性来考虑所采取的加工方法。在组织结构上，重点考虑透糖难易所采取的加工对策。在成分组成上，重点考虑制成品的干态、半干态或湿态的问题。

在采用新鲜的原样组织进行糖渍时，组织的透糖难易是最突出的问题。在糖渍过程中，组织中水分与糖液之间，必须不断取得平衡。组织内部糖液浓度与外部糖液浓度，也必须不断取得平衡，但实际上常常只能取得接近平衡，要取得完全平衡却有困难。

在糖渍过程中，组织内外水分与内外糖液浓度两者各取平衡的情况，加热糖渍与冷浸糖渍有很大差别。果蔬组织在加热糖渍煮制时，组织在糖液中所受的热力，是由糖液传导的，直接受糖液温度所支配。糖液的沸腾温度，又直接受糖液浓度所支配。所以在煮制过程中，组织脱水吸糖，糖液脱水浓缩，糖液变浓，沸点提高。假设采用浓度为30％的糖液与含水量为96％的新鲜的浸灰漂洗后的果蔬组织（如冬瓜）进行糖煮，在组织开始与糖液接触时，组织中的水分即开始渗出，渐次把糖液冲稀，糖液浓度很快被冲稀到15％～20％之间。此时加热温度升到100℃时糖液并不沸腾。组织中的水分，也不以沸腾现象蒸发，而是以液体原状从组织中渗入糖液中，随同糖液蒸发。浓糖液则为取得平衡，渐向组织表层的稀液部分扩散。由于组织致密，通道迂回，要经一段时间，组织表层浓度才接近与外液平衡。在此期间，组织内的透糖是由到中心距离之间的浓度梯度差异产生的扩散作用所致的。但糖液温度因继续加热而不断提高，到达开始被冲稀的浓度（15％～20％）时，即在此浓度的沸点开始沸腾（100.5～100.6℃）。此糖液浓度因沸腾蒸发而不断增浓，而沸点也继续提高。到此阶段，糖液沸点可达101.5～102℃，浓度可达40％～50％。组织内水分在此高温下即以气态沸腾蒸发。因组织外层已吸满浓糖液，蒸汽排出稍有困难，导致组织在糖液中开始有膨胀现象。此时，组织内部水分的蒸发脱水速率远远超过糖液向内的扩散速率。组织中心部位尚未被糖液置换，已达干缩状态，组织内外糖液状态即失去平衡。此后糖液越浓，沸点温度越高，糖液脱水越快，组织内水分排出也越快，组织形成大泡状膨胀及多数气泡，很快达到煮制终点，沸点温度可达126℃，糖液迅速返砂结霜。结果制品透糖不够，中心部收缩，使制品达不到吸糖饱满的要求。此种情况是加热糖渍煮制时一般过程所产生的情况。

当果蔬组织切片采用全过程的冷浸糖渍时，其情况和上述过程全然不同。其内部水分与外部糖液取得平衡的主要问题是糖液的黏度、溶解度与温度对组织扩散的影响。其透糖作用完全依靠在当时室温下的分子自然扩散作用。扩散作用受两种因素影响最大，一是果蔬的组织结构。细胞破坏的组织结构远比细胞未破坏的组织易于扩散透糖。经 1~2min 沸水热烫过的冬瓜片在 35％浓度的糖液中经 2h 糖渍，其透糖速度比同样大小的未经热烫的冬瓜片约快 2~3 倍。苹果鲜果瓣在 40％浓度糖液中冷浸 24h，未热烫的鲜果瓣透糖仅达表层 1~2mm，经热烫的可达表层 4mm。二是糖液的黏度、溶解度与温度对组织透糖的影响。在冷浸之下，糖液温度支配糖液的黏度与溶解度。可以看出，温度愈低，黏度愈大，溶解度愈小。冷浸时温度受气温影响，气温的月变化与日变化范围，最高在我国南北都少有超过 40℃，最低却可到零下几摄氏度到零下几十摄氏度。大型冷浸糖液溶解度，不易随日气温变化。冬季冷浸，对透糖速度影响最大，甚至果片冷浸数月，仍未达透糖目的。

果蔬组织在进行透糖预处理之后进行全过程的自然冷浸时，其透糖情况一般如下：

在果蔬组织加入比组织中汁液要浓的浓糖液中开始浸渍的短时间内，组织与糖液接触的表层水分即与糖液浓度取得接近平衡。此时，组织表层即形成一个界面，即：外部与糖液接触透糖的界面和内部组织水分与组织透糖层的界面。外部界面将随外部糖液的向内扩散取得接近平衡，把界面层向内发展。内部界面的组织水分随着向外界面层扩散取得与外界面糖浓度接近平衡，从而使透糖层渐次发展到中心部，完成透糖过程。这个透糖过程，依靠糖分子与水分子的扩散作用，其速率随影响因素的改变而变化。值得注意的是，稀糖液的扩散速率较快，浓糖液的扩散速率较慢。要使组织中心透糖浓度达到 65％以上，必须使糖渍浓度梯度渐次增高，使浓度不同的界面层逐步取得接近平衡。否则，组织在与高浓度糖液接触时，内部水分向浓度高的糖液扩散的速率，远快过浓糖液向内扩散的速率，就会造成组织极度失水收缩，使扩散平衡的通道受阻，糖液不易透到中心，最终导致组织瘪缩。

如上所述，可知新鲜果蔬的原样组织在糖渍加工中的透糖，必须采取各种措施，才易达到所需的透糖目的，下面将分别加以论述。

二、透糖的工艺措施

1. 一次及逐次糖煮法

把果蔬组织与糖液一起加热煮制，是糖渍加工的一般基本方法。与糖液一起加热，可使果蔬组织因加热而疏松软化，原果胶分解为果胶，纤维素与半纤维素之间松散。同时，糖液因加热而使稠度降低，分子的活动增强，从而易于透入组织。煮制时，分子的扩散与蒸发都受到激发。在此过程中，果蔬组织的紧密程度与幼嫩情况，即透糖快慢与易否煮烂，成了糖煮中的主要问题。

组织疏松，则易透糖。例如柚皮组织是海绵组织，经预处理后，无论糖液是稀是浓，在任何状态下都可以吸收糖液。这样，加热的结果是糖液浓度变小，水分蒸发变快。在海绵组织中，糖分既易渗入，水分也易透出。只要加热蒸发，一次煮到所需的制品含水量，即可完成糖煮过程。这样的糖煮法最初使用的糖液浓度可从40%开始，随着被组织中水分所平衡，可能降到30%左右，视柚皮组织所含水分而定。由此一直加热蒸发浓缩到结砂为止，即为成品。这样一次糖煮完成的方法称为"一次糖煮法"。很易透糖的组织如橘饼制品，在预处理中已经过切腰、榨汁、多次水煮及水漂，内部组织已十分疏松，可采用此法糖渍。又如川贝陈皮一类制品，陈皮经水煮脱苦、多次水漂之后，组织也已十分疏松，同样可以采用此法进行糖渍。

但是有些果蔬组织如桃、苹果、枣等，又如冬瓜、木瓜等经浸灰预处理后，组织较致密，不易透糖。组织内部蒸发失水的速率，超过组织内外糖液浓度平衡的速率，用上述方法煮制，不易透糖到中心，成品易形成干缩状态。为克服上述缺点，可把失水蒸发的速率减慢，并延长内外糖液平衡所需时间，采用"逐次糖煮法"。

逐次糖煮法开始糖煮时，采用糖液浓度为30%。这样，组织内汁液浓度与外部糖液浓度相差不大，内外糖液浓度较易接近平衡。因而控制浓度梯度逐次增高，可使透糖较易进行。为此，在糖液煮沸几分钟之后，添加少量冷糖液或水分。其结果，煮沸后的糖液，一时暂停沸腾，延长了糖液平衡所需时间，同时又可补加已蒸发失去的水分。组织在停止沸腾中温度骤降，又形成内部稍低分压，均有利于外部糖液的透入。如此中途添加冷糖液或冷水几次，整个糖煮过程都在组织的内外糖液浓度梯度相差不大，逐次增高的条件下进行，因而组织虽较紧密，透糖也可得到满意结果，最后煮到所需含水量，完成煮制过程。有时，在煮制的最后阶段，组织已透糖时，为迅速达到制品所需糖液浓度，可以不加糖液或冷水，而加干燥砂糖，以缩短后阶段煮制时间。这样的煮制方法，其缺点是组织内外糖液浓度平衡是依靠加冷糖液或冷水以抑制沸腾，延缓蒸发速率来达目的。整个煮制过程是在不断加热中进行的，果肉组织较致密，所需平衡时间就较长，对制品品质不利，易引起色泽加深、组织软化、维生素损失过多、砂糖易转化等问题。

2. 一次及逐次间歇糖煮法

为克服一次及逐次糖煮法的缺点，可采用"一次及逐次间歇糖煮法。"

把果蔬组织与糖液煮沸短时间后，停止加热，放置一段较长时间，使组织内外的糖液浓度有较长时间来达到扩散平衡。然后再加热煮沸，使糖液达到一定浓度后又停止加热，放置一段时间，到达此浓度梯度的平衡之后，再煮沸蒸发，提高糖液浓度，重复放置。如此反复几次，完成糖煮，称为"一次间歇糖煮法"。

不用煮沸浓缩的方法以增加糖液浓度，而是采用逐次补加砂糖来增加浓度的方法，称为"逐次间歇糖煮法"。

逐次间歇糖煮法可避免果蔬组织同时受热时间过长的缺点。为此，也可在前一方法的基础上，在煮沸糖液浓缩时，把果蔬组织移出。待糖液浓缩后再加入浸渍以达平衡，其结果与后一方法相似。可使组织受热时间不长，而平衡所需时间却可以随需要来延长，由数小时至若干日都可以。一般是隔日进行一次，或是穿插在其他糖渍加工间隙时间内进行。其优点是透糖可有充分平衡时间，又可利用工作间隙来处理。缺点是加工时间太长。

3. 变温糖煮法

为克服一次及逐次间歇糖煮法组织内外糖液平衡所需时间过长，可采用"变温糖煮法"。

利用温差悬殊的环境，使组织进行冷热交替的变化，组织内部的水蒸气分压一时增大又一时减小，因压力差的变化可迫使糖液透入组织，加快组织内外糖液浓度的平衡速率，缩短糖煮时间，称为"变温糖煮法"。

此法的具体操作实例如下：

把果蔬组织在30%浓度的糖液中煮沸约5～8min，立即移入温度为15～20℃的40%浓度的冷糖液中。组织在30%浓度的糖液中煮沸，忽然移到20℃的冷浓糖液中，其温差达80℃，组织内的水蒸气分压突然受冷而降低，组织收缩，糖液则从外部被迫透入组织内部，加速了内外浓度平衡的进程。经5～8min后，组织内部温度基本降低，此时再移入由30%浓度煮沸浓缩到40%的前糖液中。组织又突然受到102℃的高温糖煮，维持5～8min，组织再次受热膨胀。随即再移入浓度约为55%的20℃以下的冷糖液中。留下的糖液继续蒸发浓缩到60%或65%，在沸腾中再加入冷的组织煮沸20min左右，即达糖煮最后浓度，完成糖煮过程。

糖液可用原糖液不断煮沸浓缩，也可逐次加糖以增高浓度。此法在操作上不便于大量生产，实际生产采用不多。

4. 减压糖煮法

为降低果蔬组织内的蒸汽分压，使易于透糖，一般不采用温差变温法，而直接采用减压装置，以达迅速透糖的目的，此法称为"减压糖煮法"。

　　减压糖煮法是在较高的真空度下进行糖煮。在较高的真空度下，水及糖液的沸点相应地降低，提高真空度到 81.6kPa，可使水在 60℃下沸腾；提高真空度到 84.25kPa，可使 70％浓度的糖液在 60℃下沸腾。

　　低温、低压下进行糖煮，与上述各种方法相比，具有下列优点：

　　① 可使组织不受高温糖煮所产生的不利影响，提高制品品质，包括避免糖液成分、组织成分及添加物成分产生化学分解，从而使产品品质稳定，制品色泽浅淡鲜明、风味纯正。

　　② 在低温下沸腾，同样收到高温糖煮的效果，加速了透糖速率。

　　③ 利用组织内的蒸汽分压随真空度的变化而反复收缩膨胀，可促使组织内外糖液浓度加速平衡，缩短透糖时间。

　　④ 组织水分及糖液水分在低压下迅速蒸发，可缩短加热蒸发时间，加快糖煮。

　　因此，减压糖煮法是比较好的方法，但需要一定的减压糖煮设备。下面介绍的是其中一种间歇式减压糖煮设备，是由 5～10 个减压糖煮罐与一组干式真空泵系统组合而成的。其主要构造为一个不锈钢制的长方形糖煮槽，中间具有一搅拌轴，由置于槽端的电动机带动，搅拌速率可在 30～60r/min 之间调节。每罐每次处理量为 250kg 左右。槽放在槽车上可推入卧式密闭减压糖煮罐中。罐内紧靠槽外壁两侧具有蒸汽加热排管用于加热糖煮槽，并附有真空计、温度计、照明灯、窥视窗、搅拌控制器等。

　　果蔬组织经预处理后，放入糖煮槽中，加入 30％～40％浓度的糖液（如果果蔬组织较为疏松，加入的糖液可用较高的浓度，例如 50％～60％）。然后把糖煮槽车推入糖煮罐中，关闭罐盖。通入加热蒸汽，加热到 60℃后即抽真空减压使其沸腾，其间开动搅拌器缓缓搅拌。沸腾约 5min 后，反复改变真空度，使组织内的蒸汽分压也反复随之改变，从而一面促使糖液蒸发，一面使组织内外糖液浓度加速平衡，以达迅速透糖目的。最后蒸发到所需浓度，立即解除真空，移出糖煮槽，卸料，完成减压糖煮过程。所需糖煮时间一般不超过 0.5h，对于干态制品，在从糖煮槽中移出后，可送入烘干机中烘干。

5. 加压糖煮法

　　加压糖煮法是对耐煮且不易透糖的紧密果蔬组织使之快速透糖的一种辅助措施。

　　一般浓糖液在常压下的沸腾温度为 100℃以上。提高蒸汽压力可使一定浓度的糖液在一定高温下或超过其沸点温度的高温下沸腾。利用此物理性质进行糖煮，可获下列效果：

① 紧密的果蔬组织在高压蒸汽下蒸煮，易于膨胀疏松，为组织透糖创造条件。

② 果蔬组织在内部水蒸气分压反复变化的情况下，内外糖液浓度被迫加速平衡，有利于透糖进程。

③ 糖液在浓度对应沸点以上的高温中，加强激化分子扩散活力，同样有利于组织透糖作用。

此法缺点为不利于糖液水分及组织水分的蒸发浓缩，糖液浓度不能在加压糖煮过程中逐步增浓。相反，由于过饱和蒸汽为浓糖液所吸收，反而使糖液浓度有所降低，因而此法不能在一次加压糖煮中完成糖煮过程，而只能作为一种组织透糖的辅助措施。因此，只能在果蔬组织十分紧密的情况下辅助采用，例如鲜青榄、干榄坯、某些干果坯、椰子、莲藕、姜等，在加压处理后，须再在卧式加压蒸煮罐进行糖煮。主要由糖煮槽及加压罐组成。把煮料加入糖煮槽后，由台车从轨道推入加压罐中，密闭罐盖，即可由高压蒸汽管送入高压蒸汽进行加压蒸煮。高压罐附有压力表、温度计、泄气栓、排气阀、安全阀、废气及冷凝水排出管等必要附件。达到所需压力、所需温度及时间后，解除压力，打开罐盖，移出糖煮槽进行后一阶段处理，完成加压糖煮过程。在加压糖煮过程中，在一定时间内变换加压压力可使组织内部水蒸气分压获得变化，加速内外糖液平衡。蒸煮时间及变换蒸煮压力次数，依组织的紧密性与透糖难易而定，时间 $10\sim40min$，次数在 $3\sim4$ 次之间。

此法除上述缺点外，还有加热是在高压、高温下进行的，不适用于松软的不耐煮的果蔬组织。对不耐煮的果蔬组织，可采用"热煮冷浸法"或"冷浸热煮法"。

6. 热煮冷浸法

热煮冷浸法是用热糖液在短时间内处理果蔬组织，然后冷浸一段较长时间，反复几次。糖液在受热后暂时降低了黏稠度，组织也因一时受热，内部蒸汽分压也产生变化。然后再经冷浸以延长内外糖液浓度平衡时间，有利于组织进一步透糖。

此法也可和加压糖煮法配合进行。紧密的果蔬组织在经过高压糖煮后，变得膨胀疏松，然后与此法结合来冷浸一段较长时间，更有利于组织进一步透糖。

热煮冷浸的具体过程，一般可用与原组织原料量大约相同的 30% 浓度的糖液与果蔬组织一同煮沸几分钟，随即停止加热。果蔬组织在糖液中放置浸渍时间为 $8\sim24h$ 不等，然后移出果蔬组织，把糖液煮沸浓缩到约为 40% 浓度，再放入果蔬组织浸渍 $8\sim24h$。这样重复到糖液浓度浓缩到 60% 后，如组织透糖已够，即可连同组织与糖液迅速煮到所需最后浓度，完成糖煮过程。

此法，果蔬组织受热的时间很短，组织内外糖液在常温下扩散平衡的时间较长，有利于品质不受高温久煮所影响，也有利于透糖充分。缺点是反复处理，较为费工，冷浸所经平衡时间也较长。

7. 冷浸热煮法

多汁的果肉组织和浓糖液接触时，若糖液浓度超过汁液浓度的梯度差距过大，组织汁液即被浓糖液所吸收，其结果，组织的分子扩散通道因组织收缩而迅速缩小，糖液即不易扩散入组织内部，导致组织瘪缩，不再透糖膨胀。此现象在糖渍过程中最易产生。为使多汁组织充分透糖，可使糖液浓度在与汁液浓度差异不大的环境下，逐步提高浓度梯度，逐步形成扩散平衡，这种几乎全以近似浓度梯度处理组织透糖的糖渍方法有"冷浸热煮法"。

冷浸热煮法是把果蔬组织经预处理（包括热烫处理）后，先经一段时间的一定浓度糖液浸渍，在不加热的环境中使糖液逐次增浓，使组织内的汁液浓度和糖液浓度逐次达到平衡状态，最后迅速加热，排除过多水分，完成冷浸热煮过程。

多汁果肉如菠萝、桃、梨、苹果等，其含水量经热烫处理后，一般约达85%。其可溶性固形物含量约在10%～14%之间。当在30%浓度糖液中浸渍后，果肉汁液与外部糖液平衡，其平衡浓度可能在23%左右，视浸渍量与糖液使用量而异。此后，若糖液浓度每次增加10%，组织内部扩散透糖所需平衡时间渐次增长，扩散速率受气温影响。经24h后，当糖液浓度提高为40%时，再浸渍24h，再提高浓度为50%，此时糖液增浓，平衡所需时间可延长到48h。当糖液浓度最后提高到60%～65%时，浸渍平衡时间可延长到48～72h，总共冷浸时间约为一周。最后连同组织与糖液迅速煮沸达到120℃沸点，停止热煮，移出果蔬组织，完成冷浸热煮过程。

在冷浸中，每次提高糖液浓度有下述三种方法：

① 加干燥砂糖，此法虽可降低原糖液的水分含量，但干燥砂糖在近于饱和浓度的糖液中，非经加热提高温度是不易溶解的，甚至部分砂糖将长期处于不溶状态，失去其增加浓度的作用。

② 把果蔬组织移出原糖液，把原糖液加热浓缩到一定浓度后，再加入果蔬组织浸渍。此法将使浸渍糖液量因其浓度增加而减少，以致部分果蔬组织露出液面，延长平衡所需时间。

③ 把砂糖先溶解成65%～75%浓度的糖液后再加入，此法可克服上述两法的缺点。

8. 逐次冷腌法

把经过预处理后的果蔬组织逐次增加干燥砂糖来进行较长时间腌渍的方法称

为"逐次冷腌法"。具体过程大致是先用原料组织重 30％的干燥砂糖分层撒入果肉组织中进行腌渍，约经 12～24h 后，再补加 20％的干燥砂糖翻拌均匀，再放置腌渍 24h，然后再补加 10％的干燥砂糖腌渍。由于采用干燥砂糖腌制，组织汁液中的水分大量渗出，因而果蔬组织将收缩至原来的一半或更多，透糖速率也大为降低，腌渍时间常需一周以上。最后将果蔬组织移出，沥干表面糖液，再以 60℃烘干，或洗去表面糖液后再烘干，即完成冷腌过程。

此法对果蔬的色、香、味、维生素 C 的保留较好，口感较脆嫩，缺点是组织过干瘪缩。

第二章 果蔬花卉产品糖制工艺

02 Chapter

第一节 果脯蜜饯类加工工艺

凡供制蜜饯的果蔬花卉产品原料，要求含水量较少，可溶性固形物含量较高，肉质紧密并具有韧性，颜色美观，煮制过程中不易糜烂。

一、原料的处理

1. 选别分级

为使制品品质均匀一致，原料应按大小、颜色分级，同时除去腐烂、生虫、有伤的原料，然后清洗干净。

2. 去皮和切分

为了使糖煮时糖分易于渗入，糖制原料必须去皮和切分。去皮多用手工或碱液去皮方法进行。去皮后根据加工要求，切成薄片或条块。

3. 硬化保脆

对肉质较软的蔬菜，如冬瓜条，常要进行硬化处理。硬化处理是将原料放在石灰、氯化钙、亚硫酸氢钙等溶液中，浸渍适当时间，其钙离子可与蔬菜中果胶物质生成不溶性盐类，使组织坚硬耐煮。硬化剂使用要适量，过量会生成过多的果胶物质的钙盐，或引起部分纤维素的钙化，从而降低原料对糖的吸收，而使制品质地粗糙，质量低劣。

凡经硬化处理的蔬菜，在糖制前应多次漂洗，以除去多余的硬化剂。

4. 硫处理

为了使蜜饯制品色泽鲜亮，常在糖制前进行硫处理，以抑制氧化变色。一般硫处理可采用熏硫或浸硫方法。有些柔软多汁的蔬菜，硫处理常采用亚硫酸氢钙兼行硬化〔亚硫酸氢钙是以消石灰（氢氧化钙）溶于亚硫酸溶液中制得的，一般以含0.75％～1.0％二氧化硫的亚硫酸与约合0.4％～0.6％的消石灰为宜，即消石灰的量略多于二氧化硫的一半〕。必须注意，用亚硫酸氢钙兼行硬化进行硫处理时，消石灰用量要适宜，如果用量过少，会使制品软烂破碎；用量过多，会使二氧化硫失去保藏作用，而在浸泡期间引起发酵。

经硫处理的原料，于糖煮前应充分漂洗，以除去剩余的亚硫酸溶液。

5. 预煮

预煮具有抑制微生物活动，防止腐败，固定品质，减轻氧化变色等作用。然而在蜜饯加工上更多的情况是为了适度软化肉质坚硬的原料，使糖制时糖分易于渗透。此外，经硬化处理后的原料，预煮后可使之回软、透明；经硫处理的原料，预煮有助于脱硫。预煮的时间一般不长，加水量亦视需要而定。

二、蜜饯类的加工方法

1. 煮制

蜜饯类加工的方法，大致上可分为两大类，即一次煮成法和多次煮成法。煮制时，应尽量减少色、香、味及营养物质的损失，采用容量较小的不锈钢蒸汽夹层锅（图2-1）或真空浓缩锅，避免金属污染和变色变味，防止组织软烂和失水干缩等不良现象发生。

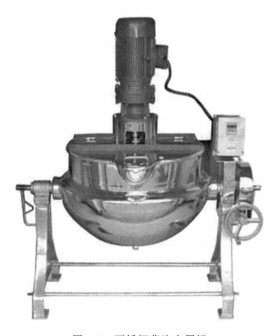

图 2-1　不锈钢蒸汽夹层锅

（1）一次煮成法 即将处理过的原料入锅后一次煮成成品的煮制方法。大部分蔬菜糖制品都采用一次煮成法。其方法是：将经过处理的原料，直接倒入浓度为45％～60％的糖溶液中加热熬煮。最初糖液被蔬菜排出的汁液所稀释，然后分次向锅内加浓糖液或砂糖。煮制时间大约1～5h，糖液浓度达75％左右，此时即可出锅，沥干制品上的糖液，经干燥后即为成品。

采用一次煮成法煮制的蜜饯肥厚、饱满，体积收缩不会太大。此法糖液浓度的增加，主要是靠加浓糖液或砂糖而达到的，水分的蒸发则为次要因素。加入浓糖液或砂糖时，锅中糖液暂时停止沸腾，温度稍有降低，蔬菜内部由于水蒸气变得稀薄而压力变小，于是外部大气压使糖液容易渗入蔬菜原料内部，这就加速了渗糖过程，而缩短了加热时间，成品色泽保存较好。

（2）多次煮成法 即原料必须经过多次浸渍和热煮后才可成为成品。多适用于组织柔软、容易煮烂且含水量高的果蔬原料，在蔬菜糖制中应用比较少。其方法是：先将处理过的原料，放入浓度为30％～40％的沸糖液中，煮制2～3min，然后连同糖液倒入容器中，冷放浸渍24h，使糖液渗入原料内。再将糖液浓度提高10％～20％，煮沸2～3min，倒入容器中浸渍8～24h，使原料内糖浓度提高。如此反复进行2～4次，最后将糖液浓度提高到50％左右煮沸，倒入浸渍的原料同煮，分2～3次加糖，直到原料颜色透明，表面发亮，糖液浓度达65％以上，捞出沥干，干燥后即为成品。

多次煮成法由于每次煮的时间短，原料不易软烂，色香味和营养成分损失也较少，并且糖浓度逐步提高和放冷期间原料内部蒸气压逐渐下降，因而糖分能顺利打散和渗透，制品也不至于收缩。但多次煮成法加工时间太长，并且煮制操作不能连续化。针对这一缺点，又产生了速煮法。

（3）速煮法 是将处理过的原料置于提篮内，放入糖液中煮沸4～8min，然后迅速提出，浸入15℃的糖液中，冷却5～8min。然后提高糖液浓度，再煮4～8min，提出放到15℃糖液中如前冷却。如此反复进行4～6次，即可完成煮制。

速煮法由于原料细胞组织受热膨胀，细胞中的水变为水蒸气，使得细胞间隙扩大，当冷却时水蒸气凝结，细胞组织收缩，其内部造成适当的真空，于是外部糖液迅速渗入内部。

速煮法从原料到成品一般只需要45～60min，较之多次煮成法（需4～5d）速度快得多，并且可以连续操作，时间短，产品质量高。

（4）减压煮制法 又称真空煮制法。原料在真空和较低温度下煮沸，因组织中不存在大量空气，糖分能迅速渗入达到平衡。此法温度低，煮制时间短，制品色香味都比常压煮制优。具体方法如下：

原料→煮软→25％糖液中抽空（0.85326MPa，4～6min）→糖渍→40％糖

液中抽空（0.85326MPa，4～6min）→糖渍→60％糖液中抽空（0.85326MPa，4～6min）→糖渍→……

（5）扩散煮制法　原料装在一组真空扩散器内，用由淡到浓的几种糖液，对一组扩散器内的原料连续多次进行浸渍，逐步提高糖液浓度。操作时，先将原料密闭在真空扩散器内，抽空排除原料组织中的空气，而后加入95℃的热糖液，待糖分扩散渗透后，将糖液顺序转入另一扩散器内，再在原来的扩散器内加入较高浓度的热糖液，如此连续进行几次，制品即达到要求的糖浓度。这种方法是真空处理，煮制效果好，可连续化操作。

2. 烘干和上糖衣

干态蜜饯（图2-2）在煮制后要进行烘烤或晾晒。制品干燥后应保持完整和饱满状态，不皱缩，不结晶，质地紧密而不粗糙，糖分含量应接近72％，水分一般不超过18％～20％。烘晒前先从糖液中取出制品，沥去多余糖液，必要时可将表面糖液擦去，铺散于浅盘中烘干或晒干。烘干时温度宜在50～60℃之间，不宜过高，以免糖分结块和焦化。

图2-2　干态蜜饯

如制糖衣蜜饯，可在干燥后上糖衣。其方法是用过饱和糖液在干态蜜饯的表面粘上一层透明态糖质薄膜。糖衣蜜饯保藏性较强，可减少保藏期间返砂、吸湿等不良现象。另外，上糖衣后外观也较好。上糖衣用的过饱和糖液，常以3份蔗糖、1份淀粉糖浆和2份水配成。

上述原料混合后煮沸到113～114.5℃，离火冷却到93℃时，将干燥的蜜饯置于糖液中浸渍1min，立即取出散放于筛上，于50℃下干燥，即能在制品表面形成一层透明的糖质薄膜（即糖衣）。

3. 整理和包装

干态蜜饯在干燥过程中，往往由于收缩而变形，甚至破碎。因而干燥后需加整理，使外观整齐一致，也便于包装。

蜜饯的包装以防潮、防霉为主。糖渍蜜饯以罐头食品包装材料包装为宜。糖制后加以拣选，取完整的进行装罐，加入清晰透明的糖液，或将原糖液滤清后加入。其糖液装量为成品总量净重的 45%～55%。装罐后密封，于 90℃下杀菌 20～40min。成品的可溶性固形物含量应达 68%，糖分不低于 60%，残余亚硫酸不超过 0.1%。对于不进行杀菌的制品，其可溶性固形物需达 70%～75%，糖分不低于 65%。

干态蜜饯可用塑料食品袋包装，然后再进行装箱，箱内衬以皮纸或硫酸纸。

三、凉果类的加工方法

1. 凉果与蜜饯的区别

凉果与蜜饯均是我国具有悠久历史的民间传统食品。在食品工业飞速发展的今天，这两种产品仍以其独特的风味，吸引着国内外广大消费者。

由于有关食品书籍及资料极少介绍凉果与蜜饯，不少人把凉果与蜜饯混为一谈。其实，凉果与蜜饯是两种不同的产品。虽然它们都是用各类鲜果（干）经加工而成的，但它们的加工方法、主要配料以及理化、感官指标都有着严格区别。典型区别如下：

（1）凉果　凉果是以各种鲜果（坯）为主要原料的甘草凉制品。

① 原料配方。甘草、盐、糖。

② 工艺流程。果坯→洗漂→晾晒（烘）→加料浸渍→晾晒（烘）→成品。

③ 理化指标。糖分 50%以下。

④ 感官指标。形状一般保持原果整体，表面较干，有的呈盐霜；味道甘美、酸甜、略咸，有原果风味，并有生津止渴、开胃消滞等作用。

（2）蜜饯　蜜饯（我国北方称果脯）是以各种鲜果（坯）为主要原料的糖制品。

① 主要配料。糖。

② 工艺流程。鲜果（坯）→洗漂→烫煮→糖浸渍或糖煮→晾晒（烘）→成品。

③ 理化指标。糖分 50%以上。

④ 感官指标。形状大多数不保持原果整体，柔软滋润，色泽透明或半透明；味道酸、甜、香，有原果风味，一般有润喉润肺及其他营养补助作用。

2. 凉果（话梅）的生产工艺

梅、杨梅、橄榄、李、桃、金钱橘、橙皮、橘皮等均适宜加工凉果。凉果花色品种繁多，在蜜饯中别具一格。鲜果先用 10%～20%食盐腌渍 10～30d，漂洗脱盐至 8%～10%，按果坯重第一次加糖 30%～40%蜜制，以后逐日加糖 3%～5%，至含糖量达 40%左右或 65%左右。在蜜制过程中加入香料一同蜜制，常用的香料有丁香、肉桂、豆蔻、大小茴香、陈皮、山奈、降香、零陵香、杜仲、排草、檀香、桂花、玫瑰花等，种类甚多，芳香各异。香料中除陈皮、桂花、玫瑰等可单独使用，其他香料不宜单用，各香料配比各地不一，务必芳香协调，柔和爽口，切忌某香独浓刺鼻，或显药味，丧失风味。最后取出晒干即成凉果。

凉果中的甜味有高甜度与蜜饯相同，有低甜度为蜜饯甜味的 1/2，高甜味凉果用蔗糖或少量糖精，低甜度凉果一般用甘草浸汁。咸味也有高咸与低咸之分，并具有酸味。所以凉果是甜、咸、酸、香多味俱全，而又干燥，在口中慢慢咀嚼，风味愈浓，别具一格。

话梅加工与凉果基本相同。仅话梅中不用丁香、肉桂等香料，而用甘草与糖精取甜，用食用色素着色，另加香草香精等调香。

广式凉果（图 2-3）始于唐宋，至今已逾千载。取材于潮州盛产的瓜果，瓜果经腌制、糖（蜜）熬煮式浸渍、干燥制成，成品"留原瓜之味而更甜香，保原果之形而更精美"。广东省潮州市潮安区庵埠镇的凉果加工历史，也逾百年。早在 1937 年，庵埠已有凉果加工小作坊 10 多家，年产凉果 200 多吨。当时，庵埠凉果不仅名扬上海、苏州、南京、广州等城市，更漂洋过海到达泰国、新加坡、马来西亚、印度等地。2022 年 4 月 29 日，凉果制作技艺（广式凉果制作技艺）、凉果制作技艺（汕头佛手果制作技艺）、凉果制作技艺（潮州九制金榄制作技艺）、凉果制作技艺（潮州九制陈皮制作技艺），被列入"广东省省级非物质文化遗产代表性项目"名录扩展项目，项目编号Ⅷ-90。

图 2-3　广式凉果

第二节　果酱类加工工艺

果酱类制品为高糖高酸食品。有的呈黏稠状，如果酱、果（菜）泥；有的呈冻胶状，如果冻。因此，果酱类加工，在原料加糖合煮前须进行破碎、煮软，或磨细筛滤，或压榨取汁，使细胞组织完全破坏，因此其糖分渗入与蜜饯不同，不是糖分的扩散过程，而是原料及糖液中水分的蒸发浓缩过程。所以果酱类采用一次煮成法，而且浓缩愈快、时间愈短，品质愈好。果酱类制品中的果酱、果（菜）泥、果冻含水量多，糖浓度又不太高，必须按罐头食品保存。

果酱是将处理过的原料软化、打浆、加糖煮制成中等稠度而无需保持一定块状的制品。其制品具有较好的凝胶态，其中仍带有未完全煮烂的块状物。果泥是将处理过的原料经过软化、打浆及过筛后，加用或不加用食糖和香料煮制成的质地均匀呈半固态的制品。果泥与果酱的不同之处，主要是果泥有较大的稠度和细腻均匀一致的质地，其中无块状物。

制作果酱、果泥的原料要求具有良好的色泽，含有较好的酸分和果胶物质，而且充分成熟，肉质较软，有利于加工处理。

一、果胶的胶凝作用

果冻的冻胶态，果酱、果泥的黏稠态，都是利用果胶的胶凝作用来实现的。果胶的胶凝（冻胶态）有两种，一种是高甲氧基（含甲氧基 7％以上）果胶与糖、酸的胶凝，利用果实汁液中原含的果胶和糖制成的果冻均属于此种胶凝。另一种是低甲氧基（含甲氧基 7％以下）果胶的羧基与钙、镁离子结合的胶凝，利用冰籽（即假酸浆籽）与硬水制成的"冰粉"属于此种胶凝，或用低甲氧基果胶制成的果冻也属于此类。

果胶在山楂、苹果、番石榴、柑橘等果实中含量丰富，它以原果胶、果胶、果胶酸等三种不同的形态存在于果实组织中。各种形态的果胶物质具有不同的特性。因此，果品组织中果胶物质存在的形态不同，它们的食用性、工艺性质及其耐藏性也不同。

原果胶为果胶与纤维素的结合物，多存在于未成熟果品的细胞壁间的中胶层中，具有不溶于水和黏着的性质，常与纤维素结合使细胞黏结，所以未成熟的果实显得脆硬。随着果品的成熟，原果胶在原果胶酶的作用下，分解变成果胶，果胶溶于水，与纤维素分离，转渗入细胞内，细胞间的结合力松弛，具黏性，使果实质地变软。成熟的果品向过熟期变化时，果胶在果胶酶的作用下转变为果胶酸，或在加工过程中由于加热或酸碱溶液也能分解为果胶酸。果胶酸无黏性，具亲水性，能溶于热水，又可吸水膨胀形成胶体，具胶凝性，因此果品呈软烂状态。了解果胶性质的变化规律，可以掌握果品采收成熟度，以适应贮藏、运输及加工。

果胶为白色无定形物质，无味，能溶于水成为胶体溶液，而在酒精和盐类（如硫酸镁、硫酸铵等）溶液中凝结沉淀，通常利用这种性质来制取果胶。其胶凝性的大小，取决于其分子中羧基被甲氧基化的程度，以及分子量的大小。甲氧基化程度愈高，分子量愈大，胶凝力愈强，反之则弱。果胶受果胶酶的作用或在酸碱溶液中，继续分解成低分子的果胶酸与甲醇。果胶酸不具胶凝性。果胶酸的基础物质主要为 D-半乳糖醛酸，其中也有少量己糖及戊糖与之结合。果胶酸可溶于水，但由于其部分羧基易与钾、钠、钙、镁等金属离子结合，故又可分为水溶液性果胶酸钠或钾，和水不溶性的果胶酸钙或镁。

高甲氧基果胶与糖、酸的胶凝，是由于胶态分散的、高度水合的果胶的电性被中和，和其结合物（糖）的脱水作用而形成的。果胶在一般溶液中是带负电荷的，当溶液的 pH 值在 3.5 以下，它的电荷被中和，和结合物（糖、脱水剂）的含量达 50%以上时，高度水合果胶便脱水而胶凝成网状结构。影响果胶胶凝的主要因素有溶液的 pH 值、温度、食糖的浓度和果胶的种类与性质。溶液的 pH 值影响果胶所带的负电荷，适当增加氢离子浓度能降低果胶的负电荷。当电荷被中和时，则凝胶的硬度最大。pH 值过大过小都不能使果胶胶凝。pH 值过低会引起果胶水解，只有 pH 值在 2.0～3.5 范围内果胶才能胶凝。pH 值在 3.1 左右时，凝胶的硬度最大，pH 值在 3.6 时凝胶比较柔软，甚至不能胶凝，此值（pH 值 3.6）称为果胶胶凝的临界 pH 值。

食糖的作用是使高度水合果胶脱水，果胶脱水后才能胶凝。溶液温度在 50℃以下时则胶凝，并随温度愈低，胶凝愈快，硬度也大。

果胶、糖、酸混合液中，果胶含量较高的较易胶凝，果胶分子量愈大，甲基含量愈多，胶凝力就愈强。果胶含量一般要求 1%左右。对于甲氧基含量较多的果胶，或糖液浓度较高时，则果胶需要量可相应减少，反之宜增加。例如糖液浓度 50%，甲氧基含量为 7.8%的果胶约需 1.2%，在同样糖液浓度下，甲氧含量为 9.8%的果胶仅需 0.9%。糖液浓度 55%时，则二者的用量可减少到 0.8%～0.7%。

低甲氧基果胶的胶凝作用，是低甲氧基果胶的羧基与钙离子或其他多价金属离子结合所形成的。低甲氧基果胶溶液和果胶酸一样，羧基大部分未被甲氧基化，因此，对金属离子比较敏感，具有与钙、镁等多价金属离子结合而形成胶冻状沉淀的特性。影响低甲氧基果胶胶凝作用的因子，主要是钙离子量、pH 值和温度。钙离子用量是依果胶的羧基数量而定的，一般按成品重量计加用 0.001%～0.006%的钙离子。但用酶法制得的低甲氧基果胶，每克果胶需要钙离子量为 4～10mg；用碱法制得的低甲氧基果胶，每克果胶需钙量为 15～30mg；用酸法制得的低甲氧基果胶，每克果胶需要钙离子量为 30～60mg。因而，低甲氧基果胶溶液，只要有钙离子存在，即使在糖含量低至 1%或不加糖的情况下，仍可形成凝胶，目前这种果胶正在应用于低糖果冻、果酱制品中，并日益受到重视。

低甲氧基果胶要求 pH 值范围较广，pH 值 2.5～6.5 都能胶凝，而以 pH 值 3.0～5.0 时凝胶强度最大，pH 值 6.0 时强度变小。胶凝温度范围 0～58℃，但在 30℃ 以下温度愈低胶凝度愈大，30℃ 强度开始减弱，温度愈高强度愈弱，58℃ 时接近于 0。因此，30℃ 为低甲氧基果胶胶凝的危险点，制得的果冻必须保存于 30℃ 以下。糖液浓度对低甲氧基果胶胶凝无甚影响。用低甲氧基果胶制造含糖量低的果冻，实用价值最大，风味也好。

向日葵盘中的果胶属于低甲氧基果胶。由高甲氧基果胶制取低甲氧基果胶时，可用酸法、碱法或酶法，使甲氧基水解。

山楂、柑橘、苹果、番石榴、草莓等是果冻制品理想的原料。此外，制造澄清的果汁时，由于果胶的存在，致使果汁浑浊，故应设法除去果胶。

二、原料的处理

1. 原料选用

由于果酱、果泥要求有一定的块形，因而只需挑出腐烂、有病虫伤害及不能食用的原料，然后充分洗涤，去掉外皮及除去无用的部分即可。对原料的形态、大小要求不严。但以含酸及果胶量多，芳香味浓，色泽美观，成熟度适宜为佳。一般成熟度过高的原料，果胶在含糖量达 50% 以上，才有脱水作用。糖液浓度较大，则脱水作用也大，胶凝也较快，硬度也大。果胶、糖、酸比例适当的混合溶液，温度高于 50℃ 则不胶凝。成熟度过低，则色泽风味差。

番茄、草莓、食用大黄是制果酱的优良原料，老熟南瓜可制南瓜泥（糊），胡萝卜可制胡萝卜泥，西瓜皮可制西瓜皮酱。果品中的苹果、桃、杏、柑橘、山楂都是制果酱的优良原料。含酸、果胶低的原料可另加酸、果胶补充，亦能制出优质果酱。

2. 原料洗净、去皮、切分与破碎

主要是洗去不洁物，去除不可食部分，便于磨细、取汁。体形大的（如南瓜等）需进行切分。果品去皮切分后易变色品种，必须尽快护色，以免增加成品的色度。

三、果酱的加工方法

经处理过的原料软化打浆，放入锅中，加相当于原料重量 20%～50% 的水煮沸，并维持一定时间，使其变软，然后取出，倒入打浆机中打浆。无打浆机时，可将软化后的原料用木棍捣烂。制作果泥的，必须进行筛滤，使质地均匀而且细腻。有些柔软多汁的原料（如番茄等），无需软化和打浆，可直接加糖煮制。

1. 加热煮软

其作用在于：

① 破坏酶活性，防止变色和果胶水解。

② 软化果肉组织，便于打浆、糖液渗透。

③ 使果肉中果胶溶出。

软化后加水或加稀糖液一同煮软，但加热时间要短，流程要快，以免影响风味和色泽。

制果冻原料，软化后榨取果汁。制果酱、果泥原料软化后磨细或打浆。

根据制品的种类不同，要求对原料进行相应的去皮、切分破碎、煮软、磨细及榨汁等处理。

2. 加糖浓缩

果酱原料应含1%左右的果胶和1%以上的酸分，如不符可在煮制前加入适量食用果胶或有机酸进行调节（或加入含胶量和含酸量较高的果汁调节）。浓缩时，将果酱倒入锅中，依次加入浓糖液或砂糖，加热煮沸浓缩。如用火直接加热，要注意不断搅拌，以防果酱焦化变黑。使用双层锅浓缩，比直接用火加热为好，但浓缩到一定程度也需搅拌。煮制终点温度约为105～107℃，终点浓度以可溶性固形物含量达到68%，或含糖量达到60%为标准。

加工果泥，有时为了增进制品的风味，常加少量的肉桂、丁香、香草浸膏和肉豆蔻等香料，各香料用量约为原料重量的0.1%。香料应在接近煮制终点时加入，不可过早，以免芳香成分挥发损失。另有不加糖的果泥，是用果汁或果饴代替食糖制成的，果汁用量一般与原料相等，这种制品质量较好。

3. 果酱类配料

（1）配方 按原料种类及产品标准要求而异。一般配方中要求果肉（汁）占总配料量的40%～55%，糖占55%～60%（其中少许使用淀粉糖浆，占总用糖量20%以下）。此外根据原料的含酸量及果胶量，必要时可加适量柠檬酸及果胶或琼脂。柠檬酸补加量，一般以控制成品含酸量在0.5%～1.0%为宜，果胶或琼脂补加量以控制成品含果胶量0.4%～0.5%为宜，根据成品要求而定。

（2）成品量计算 根据浓缩前处理好的果肉（汁）及砂糖配合量比例，计算出浓缩后能制得的成品量。可按下式计算：

成品量(kg)＝(物料含可溶性固形物总量＋砂糖总量＋柠檬酸量＋
果胶或琼脂量)/成品可溶性固形物含量

物料及成品可溶性固形物含量均以折光计。

物料含可溶性固形物总量＝果肉(汁)中可溶性固形物的含量%×
该批配料中果肉(汁)量

砂糖、柠檬酸、果胶或琼脂等配料按可溶性固形物100%计。

（3）配料准备 配料中所用的砂糖、柠檬酸、果胶或琼脂，均应事先配成浓溶液过滤备用。

① 砂糖。一般配成70%～75%的浓溶液。

② 柠檬酸。配成50%溶液。

③ 果胶粉。按粉重加 2～4 倍砂糖（用糖量在配方总糖量中扣除）充分拌匀，再按粉重加水 10～15 倍，在搅拌下加热溶解。

④ 琼脂。用温水（50℃）浸泡软化，洗净杂质，再按琼脂重加水 20～25 倍（包括浸泡时吸收的水分），在夹层锅中溶化过滤。

（4）投料顺序　先将物料加热浓缩 10～20min，以煮软物料、蒸发部分水分为准。然后加入浓糖浆（分批加入），继续浓缩到接近终点时，按次加入果胶液或琼脂液，最后加入柠檬酸液，充分搅匀，浓缩到终点。

4. 加热浓缩

加热浓缩是果酱类制品最关键的工艺，主要目的是：

① 加热蒸发水分，提高产品浓度；

② 杀灭有害微生物，破坏酶活性，有利于制品保存；

③ 使糖、酸、果胶等与物料渗透平衡，改善酱体组织形态及风味。

由于大部分原料对热敏感性较强，故在蒸发浓缩过程中，要严格控制温度、浓缩时间，以温度低、时间短为好。因此浓缩设备选型至关重要。常用的浓缩方法有常压及减压浓缩两种，而以减压浓缩为优。

（1）常压浓缩　将物料盛在夹层锅中，在常压下浓缩。用蒸汽加热，温度较易控制，在浓缩过程中，物料应在夹层锅加热面之上，注意搅拌，开始时蒸气压可达 $3～4kgf/cm^2$（$1kgf/cm^2=98.0665kPa$），后期压力宜降至 $2kgf/cm^2$ 左右，分批投料。每锅浓缩时间控制在 30～60min。

（2）减压浓缩　将物料盛于真空锅中，在减压下浓缩。加热，蒸气压保持在 $1.5～2.0kgf/cm^2$，锅内真空度 $8.666×10^4～9.599×10^4Pa$，温度 50～60℃。开始进料前，物料预热至 70℃ 左右再进料，有利于加速蒸发。在浓缩过程中，物料应淹过加热面，防止焦锅。浓缩至终点，解除真空，在搅拌下加热至 90～95℃ 杀菌 1～3min。

5. 装罐密封

常采用涂料铁皮罐、玻璃罐、复合薄膜盒（杯）及铝合金软管等容器。容器先洗净消毒，果酱出锅后，趁热快速装罐密封，密封时酱体温度不低于 80℃。

6. 杀菌冷却

果酱在加热浓缩过程中，物料中的微生物已基本上被杀死。且由于果酱的糖液浓度高，pH 值低，一般装罐密封后残留的微生物是不容易繁殖的。在工艺卫生条件好的情况下，密封温度又在 80℃ 以上，一般只倒罐数分钟进行罐盖消毒即可。如可将煮成后的果酱、果泥，于 85℃ 下趁热装入洗净的罐内，并随即封罐。但为了安全，可于密封后趁热在沸水中杀菌 5～15min，时间根据罐型大小而定。杀菌后迅速冷却至 38℃ 左右。高浓度果酱的可溶性固形物含量达 70%～75%，糖分不低于 65%，可以不必杀菌，煮成后于 70℃ 下趁热装罐，随即密封即可。

第三节 果脯生产新工艺

与传统果脯生产方法不同，采用新工艺可以生产出"鲜香果脯""轻糖果脯"等。另外，国外生产果脯的工艺也与我国的传统工艺有所不同。

一、传统果脯制法与新工艺的比较

传统果脯产品大多数属于"重糖"产品，其外形如蜜饯，含糖量在70%～75%以上，果脯的表面发黏。

传统果脯的工艺流程为：原料选择→鲜果加工及预处理（包括去皮、去核、切分及熏硫等）→糖液煮制（一次煮成或多次煮成）→糖液浸泡→干燥（晒干或烘干）→成品。

从表2-1可以看出，美国杏脯总糖量与还原糖含量完全相等。它的还原糖（包括果糖、葡萄糖等单糖类）不是由蔗糖经过水解转化而产生的，而是来源于鲜杏本身汁液中的糖分，这和我国的果脯生产中惯于使用白砂糖作原料有所不同。同时，美国杏脯的甜度较低，原果味浓，酸甜可口，味道与果干相似。它所采用的原料鲜杏，品种好，成熟度高，含糖分丰富。其成品具有果脯特点：色泽为橘红色，果体柔软、透明等。

表 2-1 重糖杏脯、轻糖杏脯、鲜香杏脯及美国杏脯的理化分析比较

产品品种	总糖/%	还原糖/%	SO_2/%	水分/%	酸度（以苹果酸计）/%
重糖杏脯	70.2	61.0	0.096	20.0	0.56
轻糖杏脯	64.0	55.0	0.11	19.2	0.88
鲜香杏脯	60.5	39.2	0.05	24.0	0.62
美国杏脯	55.1	55.1	0.12	21.5	0.43

二、鲜香果脯

鲜香果脯，又名"生制"果脯，是采用抽真空渗糖工艺，代替传统果脯煮制方法制成的，而不必进行加热。

抽真空渗糖的基本原理为：由于果实中细胞间隙存在空气，阻碍糖液的渗透，利用真空的作用可将果肉中的气体排出，解除真空后，糖液借外部大气压力就能进入原先被空气占据的空间，从而达到果体透明，完成渗糖的要求。而煮制果脯则是利用加热的方法将空气排出，加温煮制时，果实细胞之间的蒸汽冷凝后，形成真空，糖液就受到外部大气压作用渗入果体内（称为吃糖）。

1. 工艺流程（鲜香桃脯）

原料选择→洗刷→劈半→去核→0.25%NaHSO₃溶液控真空40min（真空度700mmHg，1mmHg=133.322Pa）→缓慢放气20min→原液浸泡12h→第一阶段糖液（20%）抽真空、浸泡12h→第二阶段糖液（40%）浸泡12h→第三阶段糖液（60%）浸泡12h→烘干→成品。

2. 制作方法

（1）原料选择　选用7~8成熟的桃子为原料。

（2）糖液配制　糖液中转化糖含量要占50%左右，才能防止鲜香果脯的返砂结晶。

（3）包装　由于鲜香果脯在加工过程中，没有经过加热处理，酶的活性没有受到破坏，加上SO₂含量较低，故贮藏过程中，变色现象比较严重。解决的办法是，需要真空、密闭、除氧的包装条件。

3. 存在问题

① 包装条件要求严格，如果采用马口铁包装，成本较高，难以推广应用。

② 鲜香果脯由于含糖量较少，相对来说，水果原料耗用较多，以致成本增加。例如，煮制的桃脯每100千克成品耗用原料（鲜桃）400千克左右，而生制果脯耗料达到500千克以上。

三、轻糖果脯

轻糖果脯是在传统果脯生产工艺的基础上发展而来的，其采用降低果脯含糖量的措施，将"重糖"改作"轻糖"，如轻糖杏脯、轻糖桃脯、轻糖梨脯等。

轻糖果脯在煮制工艺上是用较低的糖液浓度进行煮制，将三次煮成法改为二次煮成法，取消"糖炸"工序（是指将经过一次烘干的果脯再用30~32°Bé的浓糖液加热"炸"一遍，再次烘干为成品的操作）。重糖及轻糖杏脯的工艺流程比较如下：

1. 重糖杏脯

黄杏→切半→去核→浸硫→第一次煮制与浸泡（糖浓度20%）→第二次煮制与浸泡（糖浓度40%）→出缸→摆屉→烘干→第三次煮制（糖浓度60%）→整型→烘干→成品。

2. 轻糖杏脯

黄杏→切半→去核→浸硫→第一次煮制与浸泡（糖浓度20%~25%）→第二次煮制与浸泡（出缸糖液浓度45%）→出缸→摆屉→烘干压干→再烘干→成品。

降低果脯甜度的另一方法是：改变传统生产果脯单纯使用白砂糖的做法，用淀粉糖浆取代 40%～50% 的蔗糖，这样，煮制成的果脯依然是吃糖饱满，但吃起来甜度适宜。

淀粉糖浆是葡萄糖、低聚糖和糊精的混合物。它的性质是不能结晶，并能防止蔗糖结晶。使用淀粉糖浆取代部分砂糖可使制作工艺简化，不必在煮制时对糖液进行转化，效果很好。淀粉糖浆的甜度较低，有冲淡蔗糖甜度的效果，可使果脯甜味温和，酸甜可口。另外，淀粉糖浆不含果糖，吸潮性较转化糖低，可使果脯的储存性变好。例如山西省一果脯厂用葡萄糖代替白砂糖生产轻糖苹果脯，产品受到日本等外商的欢迎。而过去生产的苹果脯很甜，但缺乏苹果应有的果香味和味道。

四、国外果脯

近年来，美国、澳大利亚等一些国家，在果脯生产上已采用机械化和连续化的生产线。特点是机械化程度高、产量大，日产量可达到数十吨以上。但也有一些中小型企业，采取手工操作和半机械化的生产方式。

国外用于制作果脯的原料，对品种都有特别严格的要求。例如制作杏脯对原料有四点要求：

① 成熟度高，如杏子要达到九成熟以上（用手按一下能塌下去一个坑凹），要软不要硬，正与我国传统工艺对原料的要求相反。

② 原料要求水分少，即要"肉胎"不要"水胎"。

③ 为离核品种。

④ 含糖分多。

国外生产的杏脯、桃脯、李脯及梨脯等，味道都不十分甜，属于我国的轻糖果脯类型。它的工艺特点是不必用锅煮（透），也不必抽真空，主要是用硫黄"熏透"，从而达到果体透明和保藏的目的。

第三章　仁果类果实的糖制技术与实例

03 Chapter

第一节　苹果的糖制技术与实例

苹果果肉组织细致，在糖渍中柔软易烂。果形大，横径常在 6cm 以上，故一般都需分剖加工。苹果富含果胶质，含量可高达 2.0%，含汁量亦高，出汁率可达 65%～70%，有利于制果酱、果泥（果酪）、果汁、果冻及其复合糖渍品。苹果含酸量也较高，完熟果的含酸量在 0.1%～0.7% 之间，未熟果可达 1.6%，以含苹果酸为主，并含有柠檬酸与少量酒石酸。在糖渍、热煮中蔗糖易转化。苹果含有单宁成分，未熟果中含量较多，约为 0.5%。果肉分剖后暴露于空气中易变棕褐色，呈现单宁变色的独特性，须采取各种措施加以防止。未熟果还含有 4% 的淀粉，故可用碘呈色反应来检查其成熟度。成熟果带有芳香，但经糖渍处理后，果香不能保留，为增进制品香气风味，可与其他果配合及添加香料。

一、苹果蜜饯的制作实例

多年来，我国的苹果种植始终存在结构及品种分布不合理，鲜果售价低且销路不畅等问题，致使每年有大量的鲜果积压、腐烂，造成很大的经济损失，针对这一问题，人们及时开发出了苹果蜜饯。苹果蜜饯的开发，不仅满足了人们的需求，而且还扩展了鲜果的销路，避免了浪费。苹果蜜饯的一般制备方法如下：

（1）设备与原料准备　削皮机、圆筒刀、切块机、反应锅、微波炉（或电烤箱）、调料机、搅拌机、真空包装机组、各式盛装缸、真空包装袋；水、葡萄糖、蜂蜜、白砂糖、苯甲酸钠。

（2）制作方法

① 取新鲜无腐烂、表皮无虫斑苹果一批，用清水洗净沥干。

② 用削皮机削皮。

③ 用圆筒刀切去果核。

④ 用切块机切块，每个苹果视大小不同切成 4～6 块。

⑤ 将 0.5％葡萄糖液（自配）盛入反应锅烧沸，投入苹果块煮沸 5min，再按原苹果块重量的 0.01％比例加入苯甲酸钠，煮沸 1～2min，迅速出锅沥干明水。

⑥ 将苹果块用微波炉（或电烤箱）加热干燥，使水分降至 20％～22％。

⑦ 配制调料。用原苹果块重量 65％～68％的白砂糖、5.7％～6.5％的蜂蜜，根据不同需要，将不同比例的原料投入调料机加 1.2 倍凉开水调拌均匀。

⑧ 将苹果块投入搅拌机，加入调料充分搅拌均匀，出机入缸，浸渍 24h。

⑨ 用真空包装机组灌装密封。

（3）注意事项　建议生产企业选在远离城市、水质良好、空气无工业污染及尘埃较少的地方建厂。生产过程中，从第 6 道工序起，应在无菌条件下进行。重视检验，定期抽样进行细菌计数检测。生产时对防腐剂苯甲酸钠用量严格计算控制。如需着色，可在配制调料时按干苹果块重量的 12％加入红糖。

1. 苹果千层糕

苹果浆汁富含果胶物质，可采用凝胶煮制法制成半透明薄层，再多层叠合制成方糕，即为"苹果千层糕"。制品柔软芳香，颜色浅淡鲜明，别具一格，为高级糖渍品之一。含水量为 20％的制品不及含水量为 16％的制品耐贮藏。

（1）加工工艺

① 原料选择及处理。原料苹果须选取较富含酸分的品种，以七成熟、不经久藏和不过熟的为好。把鲜果去皮，分剖，挖心，切碎，入打浆机打成细浆备用。

② 原料配合。原料用量如下：苹果浆 23.7kg，砂糖 22.5kg，麦芽糖浆 4.1kg，苯甲酸钠 35g，琼脂 100g。

琼脂切碎，加多量水泡 4h。沥干，加水 11kg，缓缓加热，煮到全部溶化成浓厚胶液。

苹果浆用 pH 广谱试纸测 pH 值，以 pH 值为 3 为宜，若大于 3，加适量柠檬酸调到 pH 值为 3。

③ 煮制。把上述各料全部混合加入锅中，加热煮沸 1.0～1.5min，即趁沸倒入方形浅盘内，应为 0.3～0.5cm 的薄层，静置、冷却后呈透明薄块。

④ 烘制成型。把薄块连同浅盘入烘干机以 60℃将其烘成半干且韧的薄片后，放冷。揭起，一块一块叠成约 3cm 厚的叠块，再切成 3cm×5cm 的小方块。粘扑糖粉，再排列在烘盘上，以 55℃烘到含水量不超过 20％为止，冷却后包装。

⑤ 成品包装。用玻璃纸把每一叠块紧密包裹，再用透明塑料盒每 10 块做密封包装。在包装密封前，向盒内包装纸喷苹果香精油，然后密封。

（2）多种食用法　本品除供直接作糖果食用外，可供餐馆作"拼盘"菜谱的配料；甜品食品店作甜品糕点供应；冷饮店将其冻藏后作冻糕供应，还可切碎后加入冰水作"冻糕冰"供应。

2. 柳条苹果

苹果属大型果类，在糖渍品中极少以大型原果来糖渍，本品是大型原果糖渍中很少的一例。因全果有柳条形切纹，故称"柳条苹果"，具有独特风格。

加工工艺流程如下：

① 原料选择。本品对原料成熟度要求不严，但要求果型完整。经大小分级，取果型大小一致的做批量处理。畸形果、压伤果、烂斑果等均须剔除，以带有果梗更好。

② 原料处理。全果经洗净后，用不锈钢小刀沿果身周围每隔约 1cm 纵切入果肉。深度离果心中线深入到 3/5，这称为"第一次主刀"。再在两主刀之间的中央，切入 2/5，称为"第二次副刀"。随即迅速投入含有 2％明矾及 2％精盐的溶液中浸泡约 2h，再投入饱和石灰水中浸泡约 12h，移出，清水漂 1h，移出，沥去水分，准备糖渍。

③ 糖渍。用砂糖加水调配成 50％浓度的糖液，加入已放有苹果的糖煮锅中，加糖液至浸没果面为止，加热煮沸约 5min。停止加热，放置浸渍 1d。

把果连同糖液再加热煮沸 5min，并加入果重 0.08％的苯甲酸钠。停止加热，放置浸渍 2d。

把果连同糖液再加热煮沸到 112℃，停止加热，再放置浸渍 3d。移出苹果，沥去表面糖液。入沸水烫去表面黏附糖液，准备烘制。

④ 烘制。以 60℃烘干表面，放冷后，喷以苹果香精，随即进行包装。含水量不超过 20％。

⑤ 成品包装。以聚乙烯透明层制纸袋做单果真空包装。

3. 苹果圈

成品如图 3-1 所示。

（1）工艺流程　选料→切片→去核→浸硫→抽真空→糖煮→烘制→拌糖→包装→成品。

（2）制作方法

① 选料。选用红玉、国光苹果为宜。要求原料无病虫害、无损伤，个头直径在 6cm 以上。

② 切片。苹果首先经清水洗涤干净，待去皮后切片，每片厚度在 1～1.2cm 之间，切片后用卷刀捅净果核，内圈直径在 1.5～1.7cm 左右。

图 3-1　苹果圈

③ 浸硫。将切好的果坯放入浓度为 2% 的亚硫酸溶液中，漂洗 3～5min，至果圈表面发白时为止。

④ 抽真空。将 20kg 果坯捞出用清水冲洗干净。另外煮锅中放入 14～15kg 白砂糖、35～36kg 清水、少许柠檬酸混合加热溶化。将配好的糖液倾入真空罐中，加入经漂洗过的苹果圈，密封真空罐开始抽空［真空度 82.7～85.3kPa (620～640mmHg)］，抽真空时间为 20min，抽空后，保持真空 20min，然后打开真空罐捞出苹果圈准备糖煮，注意轻捞轻放。

⑤ 糖煮。底糖浓度在 19～20°Bé 之间，然后开锅加入果圈软化，软化时间为 7～10min，以后分三次加入干糖，再适当加入少许食盐（每 50kg 果肉加入 50g 食盐）以调剂口味，加入干糖后再加入 5kg 蒸馏水，使干糖便于溶解。在此之后，再加入凉糖液 20kg，稍煮一会儿快速出锅。出锅时糖液浓度以达到 25～28°Bé 为宜。将苹果圈连同糖液一并倾入缸中浸渍 24h，出缸后摆入烘盘，沥液 2～3h，入烘房烘制。

⑥ 烘制。烘房温度控制在 67～69℃，烘烤 3～7h 后翻盘，再将温度调至 55～60℃，烘制 16～17h，出烘房后回潮 1～2d。

⑦ 拌糖。将回潮后的苹果圈分级、挑选，除去杂质，然后每 50kg 苹果圈加 2.5kg 多维葡萄糖，并加 20g 苹果酸充分搅拌均匀。

⑧ 包装。将拌糖后的苹果圈用玻璃纸逐个包装好，分装塑料薄膜食品袋，即为成品。

（3）产品特点　造型美观，块形整齐，光润柔韧，酸甜适口，营养丰富。

4. 苹果脯

如图 3-2 所示。

图 3-2　苹果脯

（1）工艺流程　原料选择→去皮→切分→去心→硫处理和硬化→糖煮→糖渍→烘干→包装。

（2）制作方法

① 原料选择。选用果形大而圆整、果心小、果肉疏松、不易煮烂和成熟度适当的原料。可选用红玉、倭锦、国光等品种。

② 去皮。按损伤程度分级后，削去果皮，挖去损伤部位果肉。

③ 切分、去心。沿缝合线对半切开，挖去果心。

④ 硫处理和硬化。将果块于0.1%的氯化钙和0.2%～0.3%的亚硫酸混合液中浸约8h，进行硬化和硫处理。肉质较硬的品种只需进行硫处理。每100kg混合液可浸泡120～130kg原料。浸时上压重物，防止上浮。浸后捞起，用清水漂洗2～3次备用。

⑤ 糖煮。在铝锅中配成40%的糖液25kg，加热煮沸，倒入苹果60kg，以旺火煮沸后，再添加上次浸渍后的剩余液2kg，重新煮沸。这样反复进行三次，大约需要30～40min。此时，果肉软而不烂，并随糖液沸腾而膨胀，表面出现细小裂纹。后再每隔5min加糖一次。第一、二次分别加糖5kg，第三、四次分别加糖5.5kg，第五次加糖6kg，第六次加糖7kg，再煮20min，加糖总量为果实重的2/3，全部糖煮过程需要1～1.5h，待苹果果块被糖液所浸透呈透明时，即可起锅。

⑥ 糖渍。趁热起锅，果块连糖液倒入缸内浸渍2d，使果肉吃糖均匀。

⑦ 烘干。将果坯捞出铺在竹帘或烘盘上送入烘房，用50～60℃的温度烘干36h。也可以在阳光下晒干。

⑧ 包装。剔除有伤疤、发青、色泽不均匀的果脯，即可用塑料薄膜食品袋分公斤包装，再装纸箱。

（3）质量标准　果脯表面不粘手，果肉带韧性，果块透明，呈金黄色，含水量约为 15％～18％，食之甜酸适口。

（4）注意事项

① 为了防止成品返砂现象，可加少量苹果酸或淀粉糖浆。

② 糖煮过程，务必使糖分充分渗透果脯。

二、苹果酱的制作实例

1. 苹果酱

如图 3-3 所示。

图 3-3　苹果酱

制作方法如下：

① 原料的选择。利用残次苹果可以加工苹果酱。

② 清洗。将不合格的残次苹果、机械伤苹果除去腐烂变质的部分，将生产糖水苹果罐头挖下的苹果心和碎果肉等，清洗干净待用。

③ 蒸软。将上述残次苹果原料用蒸汽蒸熟蒸软。

④ 打浆。将蒸熟的原料倒入打浆机中进行打浆，除去籽、梗、皮等不可食用部分。

⑤ 浓缩。配料为苹果浆 50kg，白糖 25kg，水 7.5kg。将 25kg 的白砂糖加水 7.5kg，在夹层锅中加热溶化，过滤。过滤后的糖浆在夹层锅中熬煮到 110℃，加入苹果浆继续熬煮并不断搅拌，直到可溶性固形物达到 65％以上。

⑥ 装罐。浓缩的苹果酱趁热装罐，装罐后密封。

⑦ 杀菌。于 100℃杀菌 3～15min。

⑧ 冷却。分段冷却到 40℃后取出，即得成品。

2. 什锦果酱

（1）原料配方

① 方法一。砂糖（配成 75％糖液备用）50kg，苹果浆（10％浓度）46kg，

柠檬酸（先配成溶液备用）40g，橘子浆（8％浓度）10kg，胭脂红（配成5％～10％溶液备用）5g，山楂汁（5％浓度）5kg。

② 方法二。砂糖50kg，苹果浆（10％浓度）29～32kg，柠檬酸40g，橘子浆（8％浓度）10～13kg，胭脂红5g，桃子浆（10％浓度）10kg，山楂汁（5％浓度）4kg。

（2）制作方法

① 原料处理。

a.苹果。选用新鲜多汁、成熟度在八成以上、组织紧密、风味正常的果实。用不锈钢刀削去轻微机械伤部分。削除果皮厚度约1.2mm以内。去皮后迅速浸入盐水中。然后切成两半或四半，去除果心、果柄和花萼。处理后的果肉100kg，加水20～25kg，煮沸30min，再以筛板孔径1.2mm及0.6mm的打浆机分别打浆后备用。

b.橘子。90℃热水烫约1min，剥皮分瓣，清洗后以筛板孔径1.2mm及0.6mm的打浆机分别打浆备用。

c.山楂。鲜山楂经清洗后，按果实1kg加水3kg，在夹层锅中加热，保持微沸至汁液浓度达5％时，即可出锅滤出汁备用。

d.桃。冻桃肉自然解冻，经修整后漂洗一次，然后按桃肉100kg加水20～30kg，煮沸约30min，再以筛板孔径1.2mm及0.6mm的打浆机分别打浆后备用。

② 浓缩。将糖液、处理后的四种果浆（汁）及柠檬酸液逐步吸入真空浓缩锅内，在真空度600mmHg以上、温度约65℃条件下加热浓缩，至酱体可溶性固形物达63％（以折光计）时，即可吸进色素液，并使锅内真空度逐步降低，温度逐步上升，至酱温达到100℃，可溶性固形物达到65.5％～66％（以折光计）时，出锅装罐。

③ 装罐。罐号776，净重340g，什锦果酱340g。玻璃罐净重630g，什锦果酱630g。

④ 排气及密封。酱体温度不低于90℃。

⑤ 杀菌及冷却。

a.净重340g杀菌式：3～15min/100℃冷却。

b.净重630g杀菌式：3～15min/100℃分段冷却。

第二节　山楂的糖制技术与实例

山楂适于加工成多种制品。早在唐宋时期就有"葫芦→半蘸冰糖"的山楂冰糖葫芦问世。随着社会的发展，山楂制品花样翻新，诸如山楂金糕、山楂饼、果丹皮、山楂果汁、山楂酱等，各具特色，深受人们喜欢。

一、山楂蜜饯的制作实例

1. 蜜饯山楂

（1）原料与配比 鲜山楂 20～25kg，白糖 27.5kg，苯甲酸钠 50g。

（2）操作步骤

① 选料及处理。选择大小均匀、完好无损的鲜山楂果，用清水洗净，然后放入 70～80℃热水中烫漂几分钟，取出去核、果柄及萼片。

② 糖液煮制。将白糖加六成水煮，煮沸后边煮边滴入冷水，并撇去糖液表面形成的泡沫，然后用绒布过滤即成。

③ 糖煮。将已过滤的糖液再次煮沸，加入已经过预处理的果实，静置 5min 后用文火把糖液煮沸，并轻轻翻动，10min 后加大火力，猛火煮 5min 后果实呈透明状。当糖液泡沫中溶解了果实的红色色素，糖液浓度达 60% 左右时，即可停火。加入苯甲酸钠，文火维持微沸 2～3min，取出果实冷却，并稍加翻动，以免紧粘果实破损。成品贮藏在密封的玻璃瓶中或出售。

2. 山楂冻

如图 3-4 所示。

图 3-4 山楂冻

（1）原料配方 鲜山楂 45kg，砂糖 45kg，明矾 900g，水 10kg。

（2）制作方法

① 先将山楂煮熟，放入缸内用木棍捣碎成泥，再用擦酱机去皮、核，使成山楂酱。

② 将砂糖熬成糖浆，其浓度凭经验掌握，即用竹篾挑出能拉成双丝即可。

③ 将明矾加水煎熬（约 1kg 水），明矾烧化即可备用，不要冷却，因冷却后会凝固。

④ 先将已熬好的糖浆的一半倒入山楂酱内，拿木棒用力搅。搅后用铲将缸底山楂酱铲匀，然后再把剩余的一半糖浆加入，同时将明矾水倒入，用力搅匀后，倒入木箱内冷却成型。

⑤ 保藏。不宜久藏，一般当日销售，如用玻璃纸包装，可保存 2～3d。

3. 山楂片

如图 3-5 所示。

图 3-5　山楂片

制作方法如下：

① 原料处理。成熟鲜山楂 10kg，洗净后加水煮熟，捞出，用打浆机打成细浆。

② 调配。原料配比为：蒸熟的糕粉 5kg，精盐 0.3kg，砂糖 35kg，食用红色色素微量。把上述辅料加入山楂浆中在平台上充分捏和成面团状。摊平，滚压成薄片后，用印模印取圆片，进行烘制。

③ 烘制。把圆片摊放于烘盘中，入烘干机以 55℃烘干。含水量不超过 8％。

④ 成品包装。把圆片叠合成 5cm 圆柱状，以玻璃纸紧密包裹，再用商标纸包裹，外用聚乙烯小袋做真空密封包装。

4. 山楂果丹皮

如图 3-6 所示。

山楂果实肉质较坚硬，含酸量高。

山楂果丹皮相当于山楂饼，制作方法如下：

① 原料处理。取充分成熟的新鲜山楂果实，除去病虫烂果，洗干净后，送入打浆机打成细浆。如果应用的是山楂干，应先用热水浸软，才能打浆。新鲜山楂打浆时需加水 1/3～1/5 原料重，如果干山楂打浆时加入水量应多些，如有核应除去核，仅把果肉打成细浆。

图 3-6　山楂果丹皮

② 果浆浓缩。在不锈钢锅内倒入山楂浆，加热浓缩，蒸发部分水分，然后加入白糖（白糖用量可以是原料的一半或 80％），即把白糖直接倒入山楂浆内边搅拌边加热浓缩。是否需要加入增稠剂可看山楂果胶含量，一般为了提高产品得率与缩短加热时间可以加入少部分增稠剂，如海藻酸钠 0.4％左右。是否需要加入柠檬酸，也要看原料含酸分情况，含酸分高的可不用加入柠檬酸，否则应补充少量柠檬酸，总之产品含酸量在 0.5％～0.8％之间便可。最后需加入少量食用红色素，因为山楂也叫红果，果肉呈浅红色，为了使产品不失真或加深其本来色泽，可加入少量食用红色素。最后可再加入 0.05％的山梨酸钾防腐剂。继续加热浓缩到固形物达到 60％～65％时便可停止加热。

③ 倒盆。在深度 6mm 钢化玻璃槽内倒入浓缩的山楂酱，之前要铺上一层白布，山楂酱在白布上的厚度为 2～3mm。

④ 焙烤。在 60～65℃下焙烤，到半干半湿状态时进入下一工序。

⑤ 揭皮。从烤房取出半干山楂丹皮，趁热揭起白布，把果丹皮从白布中揭起。

⑥ 干燥。在 65℃下进行干燥，直到含水量在 8％左右。

⑦ 分切。用机械切分成圆形或长方形等形状，外形似一块块饼干。

⑧ 包装。与饼干包装类似，可以是小袋包装，成品外观呈红色，甜酸可口，生津开胃，适合儿童食用。

5.山楂脯

如图 3-7 所示。

相当于北方的冰糖葫芦，其加工方法可简可繁。

（1）制作方法

① 原料处理。采用新鲜山楂，剔除病虫烂果，冲洗干净，人工去蒂，去种子，要注意尽量减少果肉的损伤。

图 3-7　山楂脯

② 护色处理。山楂进行熏硫处理，燃烧纯净固体硫黄在 $1m^3$ 体积内使用 10g 左右，燃烧后二氧化硫浓度为 1% 左右，处理时间为 20min，处理毕经通风后待用。

③ 透糖工艺。用 40% 砂糖溶液浸渍，使用时砂糖量为 100kg，原料 30kg，砂糖配成 40% 糖液后加入 0.05% 防腐剂。经过多次透糖，糖液由于不断加热浓缩而提高浓度的同时原料果肉也吸收糖分，这样经过半个月至三周的透糖，山楂果肉呈半透明状态，此时透糖可结束。如果不用多次透糖工艺，用一次煮成法也可以，首先在预处理工序上注意把原料浸在 0.1% 明矾溶液及 0.1% 亚硫酸氢钠溶液中 8h，用 40% 糖液与原料共煮，煮到原料呈半透明状，糖液呈浓厚的糖胶时，糖煮就可结束。但因为糖煮时间较短，原料未能充分吸收糖分，其风味比不上用多次透糖法加工的好。

④ 干燥。山楂从糖液中捞起，摊在竹筛上送入烤房干燥，在 65℃ 下经 18～22h 干燥使其含水量达 18%～20%。

⑤ 包装。

（2）成品风味　色泽鲜红或暗红色，甜酸可口，保质期九个月。

6.低糖山楂脯

低糖山楂脯主要是由于缩短了高温处理时间，减少了营养成分（主要是维生素 C）的损失，使其含糖量降低，而更受消费者欢迎。

制作方法如下：

① 选果、去核、洗涤。挑选无病虫害、无腐烂的果实，切分成两半后去核，再洗干净。大果山楂可以先去皮后切分。为了防止变色，去皮切分后立即投入 0.2% 的亚硫酸氢钠溶液中浸泡。

② 软化。先将水煮沸，然后将果块投入水中热煮 2～3min。软化后有利于糖的渗透，提高出品率。

③ 渗糖。糖液的浓度及酸度显著影响产品质量及维生素的含量。最适宜的糖浓度为 60%，糖液中最好加 1% 的柠檬酸。这样的比例可使产品中的还原糖与可溶糖的比例趋于合理，维生素也损失较少。渗糖过程中的温度应控制在 60℃，渗糖时间为 28~30h。因为糖度低，所以渗糖过程中要加入 0.05% 的苯甲酸钠和 0.05% 的山梨酸钾作为防腐剂，这样可以使产品存放半年不变质。

④ 干燥。渗糖结束后，将山楂果块盛于簸箕上，送入烘房烘烤，温度控制在 60℃ 以下，烘烤 18h 即可。

⑤ 包装。烤好的成品晾凉后立即用真空封口机进行抽真空密封包装，包装袋必须是复合塑料薄膜袋，否则会回潮。

7. 多维山楂糕

（1）原料与配比 山楂与胡萝卜的比例为 7：3；糖和水的量分别为原料重量的 1/2 和 2/3。

（2）鲜料处理 挑选新鲜山楂及胡萝卜，用清水洗干净，将较大的胡萝卜切成段，以利于水煮软化。

（3）操作步骤

① 糖水煮料。按七分山楂、三分胡萝卜配好原料，再按原料重量的 2/3 加水，按原料重量的 1/2 加糖，进行水煮软化。约 30min 后，锅中心温度升到 105℃ 时停止水煮。

② 打浆过筛。将软化的原料立即投入筛孔直径为 1.45mm 的打浆机中打浆（原料温度要保持在 60℃ 以上，否则不成浆），然后过筛，除掉果籽和果皮。

③ 配料搅拌。将过筛的果泥放入搅拌机内，加柠檬酸调 pH 值至 2.9~3.1，加入原料重量 1% 的明矾，搅拌均匀。

④ 冷却成型。将拌匀的果浆倒入衬有蜡纸的纸箱中冷却，在 10℃ 以下的环境中经 24h 即可成糕。

8. 冰糖葫芦

如图 3-8 所示。

图 3-8 冰糖葫芦

冰糖葫芦是北京的一种时令著名小食品，每到秋季，大街小巷，都有叫卖。做糖葫芦的果实很多，有红果（山楂）、海棠、山药豆、荸荠、蜜橘等数十种。

（1）原料配方　红果（也可是海棠果等季节性果实）500g，冰糖适量。

（2）制作方法

① 将红果洗净后，加以消毒处理，用竹签穿成一串。

② 将冰糖加适量水熬成糖液，再将红果蘸满糖液，待糖液全部凝附在果实上即成。

（3）产品特点　红亮晶莹，酸甜绵脆，一咬一流汁水，滋味鲜美。

二、山楂酱的制作实例

红果酱

如图 3-9 所示。

图 3-9　红果酱

（1）工艺流程　红果→挑选→清洗→修割、清洗→软化→打浆→熬制→装罐→密封→杀菌、冷却、擦罐、入库。

（2）制作方法

① 挑选。将虫害果、霉烂果剔除，经修割后与好果掺在一起使用。

② 清洗。用流动水清洗两次，去除污泥、果叶、杂草等杂质。

③ 修割、清洗。用小刀或挖刀除去虫蛀、腐烂、干疤等不合格的部分，尔后再清洗一次，去除虫屎和杂物。

④ 软化。将洗净的红果倒入沸水锅中，将果肉煮至软烂。

⑤ 打浆。已经软化的果子与少量的水煮红果一起打浆，渣子再打一次。

⑥ 化糖。将白砂糖化成 78%～80% 的糖水，用纱布过滤。

⑦ 熬制。原辅料配比为：红果 240kg，砂糖 400kg；出酱 790kg，固形物含量 55%～57% 或 60%（以折光计）。在真空浓缩锅中进行浓缩，真空度 600mmHg 以上，胜利瓶装浓度达 55.5%～56.5% 时，四旋瓶装浓度达 60%～

62％时停止浓缩。加热至98℃以上，加热时不断搅拌，防止焦煳。

⑧ 装罐。玻璃瓶刷洗干净，用蒸汽消毒3min以上方可装罐。每瓶装果酱为615g。

⑨ 密封。瓶盖打字后沸水消毒1～2min。果酱装瓶后立即密封，封口时中心温度不低于75℃。

⑩ 杀菌、冷却、擦罐、入库。密封后的罐头应尽快杀菌，杀菌公式是：5～15min/100℃。罐头杀菌后逐渐冷却到37℃左右，而后取出擦罐，入库。

（3）质量标准

① 感官指标。酱体呈棕红色，均匀一致；具有红果酱罐头应有的风味，无焦煳味及其他异味；果实去核，酱体呈胶黏状，不流散，无汁液的分泌和糖的结晶；不允许存在杂质。

② 理化指标。每罐净重610g，允许公差为±3％，但每批平均不低于净重；可溶性固体物，胜利瓶装为55％～57％，四旋瓶装为60％～62％（以折光计）；重金属含量，在每千克制品中，锡不超过200mg，铜不超过10mg，铅不超过2mg。

③ 微生物指标。要求无致病菌及因微生物引起的腐败迹象。

第三节　其他仁果类果实的糖制技术与实例

一、梨的糖制技术与实例

（1）梨的糖渍工艺特性　梨作为糖渍工艺的原料，对其要求较为严格。凡是含石细胞多的梨都不能作糖渍的原料，因此，梨的糖渍原料只能在优良品种中选择。可利用优良品种的半烂果、压伤果、虫蚀果、病斑果、畸形果等。

梨的优良品种很多，如山东莱阳梨、香水梨、鸭梨、天津雪梨等等都是适于糖渍的品种。优良品种梨，肉嫩多汁，含汁量可高达85％～90％；单宁成分不显著，无涩味，分剖后不会迅速变色；以含苹果酸为主，酒石酸次之，有时并有微量柠檬酸。

（2）梨的干制及利用　作为糖渍原料的梨，可在生产季节中先制成干制品。例如在运输贮藏中大量的半烂果、受伤果、滞销果，一时来不及做其他处理时，即可进行干制，然后贮藏备用。干制品的组织品质适于作干果糖渍原料，较之盐坯组织有更好的糖渍品质。

梨的干制，在切除无食用价值的部分之后，即分切投入含有0.2％～0.3％的亚硫酸或亚硫酸氢钠溶液中。大约100kg溶液可浸梨120kg。

糖渍用梨干原料，以采用瓣形分切为宜，也可采用粒形分切。分切浸亚硫酸溶液后即可用沸水热烫 5min 左右，沥干水分，熏硫或不熏硫。入烘干机以 80～85℃烘到半干时，改用 60℃烘到含水量不超过 18% 为止。在贮藏前需把制品轻喷清水后熏硫一次，再补烘干燥，然后立即密封贮藏。

梨的糖渍工艺技术与实例介绍如下。

1. 桂花梨蓉

本品是由优良品种梨的浆汁果酱与桂花蜜酱配合糖渍而成的一种香花果蓉蜜酱类的软糖制品，具有桂花与梨的配合芳香及梨蓉固有的浅淡鲜明的颜色及风味。

加工工艺如下：

① 原料处理。鲜梨去皮、分剖、去心，随即投入含有 2% 明矾及 2% 精盐的溶液中约 20min，移出，沥干水分，入打浆机打成细浆。入锅加热煮沸，蒸发浓缩成原重的 1/4 时，浆汁呈不流动的酱状。移出，称重，准备加糖煮制。

② 加糖煮制。加入与浓缩梨酱同量的砂糖。加热时缓缓搅拌，蒸发浓缩到结成胶结的团块状为止。停止加热，加入 5% 量的桂花蜜酱及 0.08% 量的苯甲酸钠（先用少量水溶解），趁热拌匀。到温度降到 70℃上下时，移出加热锅，准备成型补烘。

③ 成型补烘。在平台台面上撒上一薄层糖粉，即把酱团移到平台，撒适量糖粉降低黏性，在平台上滚压成 2cm 厚片。入糖粒成型机压成糖粒，摊放于烘盘中，送入烘干机以 55～60℃烘到表面干燥。冷却后包装。含水量不超过 14%。

④ 成品包装。以玻璃纸包裹，再用商标纸包裹，用透明聚乙烯层制袋做定量密封包装。

2. 双喜香梨

本品采用优质的同一梨干制品的两个不同部位以不同形态配合糖渍而成，具有梨的特有芳香，故称双喜香梨。双喜香梨是充分利用梨干原料的制品之一。

加工工艺如下：

① 梨干处理。把瓣状梨干洗净后，加多量清水，浸渍 30min 移出，沥干水分。把每瓣梨瓣平均横切成三段，即平均分为头、尾段及中段。并随切随把头、尾段及中段分成两部分处理，头、尾段传送入打浆机打成细浆，中间段送糖煮锅进行糖煮。

② 细浆处理。每 50kg 细浆加砂糖 35kg、麦芽糖浆 5kg、苯甲酸钠 40g。加入糖煮锅中煮到沸点 112℃，停止加热，备用。

③ 中段梨干处理。把中段梨干每 50kg 加 50% 浓度的砂糖液 50kg、苯甲酸钠 20g，入糖煮锅缓缓加热。煮到沸点 112℃时即把糖煮后的细浆加入混合，继续炒拌到结成团块酱状为止。停止加热，到品温降到 100℃以下时，拌入梨香精油约 100mL。移出，冷却后包装。成品含水量不超过 20%。

梨香精油的配制如下（％）：纯酒精（96％）60，梨汁20，醋酸戊酯10，醋酸乙酯5，甘油5，把各料混合即成。

④ 成品包装。每一中段梨粒配以适量梨酱以玻璃纸做单粒包裹，再加商标纸包裹，再用聚乙烯袋做定量密封包装。

3. 陈贝梨膏糖

如图3-10所示。

图 3-10　陈贝梨膏糖

梨的清热止咳药用价值，自古流传至今，《本草纲目》《开宝本草》均有详细记载。中成药中也有"雪梨膏""定县❶梨膏""秋梨膏""梨膏糖"等制品，均为名药，流传至今。此糖香甜可口，又可清热润肺，为健康食品之一。

本品以梨的浆汁配合陈皮、川贝糖渍而成，称为陈贝梨膏糖，与梨膏糖相似。

加工工艺如下：

① 原料选择及处理。原料梨选用鸭梨、雪梨、莱阳梨等，削皮、分剖、去心，入打浆机打成浆汁。每100kg鲜梨除皮去心后所得浆汁，经加热缓缓煮沸浓缩成25kg梨膏。

② 配料糖煮。每25kg梨膏加陈皮酱8kg、川贝流浸膏500mL、砂糖26kg、苯甲酸钠40g，一同缓缓加热，进行糖煮，至胶结成团块状停止加热，趁热移入撒有薄层糖粉的平底烘盘中。压平表面成厚约1.5cm的膏块，入烘干机烘制。

③ 烘制。入烘干机以60℃烘到表面半干后，翻底面继续烘至含水量不超过18％为止。

④ 成品成型包装。把膏片分切成2cm×6cm的条片状，用玻璃纸单片紧密包裹。每5条片用聚乙烯层制纸袋做真空密封包装，外加商标说明纸盒包装。

---

❶　定县现为河北省定州市。

4. 梨酱

如图 3-11 所示。

图 3-11　梨酱

制作方法如下：

选用质地细致，肉厚核小，砂粒少，甜酸适口，新鲜饱满的果实。加工前挑出病虫果、伤果、烂果。加工糖水梨罐头剩下的碎果块也可使用，但需修去黑斑、机械伤、果皮等不合格部分。果实去皮后浸于 1％食盐溶液中护色。

先将梨加少量水预煮软化 10～20min，然后用筛板孔径为 0.5～1mm 的打浆机打浆。100kg 梨块加糖 75kg。将梨块放进双层锅内稍加浓缩，即倒入浓度75％的糖浆，加大气压，使之沸腾蒸发水分。在浓缩过程中，不断进行搅拌，浓缩至固形物 65％时，即可出锅。装罐时注意检查果酱中有无杂质，发现时及时处理，并注意勿沾污瓶口。装罐后随即密封，封口温度不应低于 80℃。封口后投入沸水中杀菌 20min，然后迅速冷却至 37℃。

5. 梨脯

如图 3-12 所示。

（1）工艺流程　原料选择→去皮→漂洗→切半去核→糖渍→第一次糖煮→糖渍→第二次糖煮→糖渍→整型→烘烤→包装。

（2）制作方法

① 原料选择。挑选果形大小比较一致、成熟度约在七至八成、肉质厚、水分含量少、无虫蛀和无疤伤的果实为原料。

② 去皮。配成约 3％的氢氧化钠溶液，加热煮沸，再将梨倒入锅内煮沸15min 左右，梨皮薄的时间可以短些，然后捞起放入竹箩。

图 3-12　梨脯

③ 漂洗。将梨带竹箩放到清水里漂洗，将果皮冲洗干净。

④ 切半去核。将梨用水果刀对半切开，挖去果心、果核。

⑤ 熏硫。将梨放在含 0.1%～0.2% 二氧化硫的亚硫酸溶液中浸 4～8h（溶液浓度高，则时间可短些），然后用清水漂洗，沥干水分。

⑥ 糖渍。先称取占梨块重量 20% 的砂糖，与梨块搅拌均匀后浸渍一天。

⑦ 第一次糖煮。第二天再称取占梨块重量 20% 的砂糖，放入铜锅内，加入与砂糖等量的水，加热溶化，将糖液梨块一起倒入铜锅，煮 20min。

⑧ 糖渍。将梨块连同糖液起锅，继续糖渍一天。

⑨ 第二次糖煮。第三天再称取 20% 的砂糖照上法进行第二次糖煮，时间为 30min。

⑩ 糖渍。继续糖渍一天，使糖液充分渗透到梨块各个部位。

⑪ 整型。将糖渍后的梨块压扁，放在烘盘上，注意不要叠得太厚。

⑫ 烘烤。将装梨干的烘盘送入烘房，用 50～60℃烘制。温度不能过高，以免糖分结块焦化，经一天或一天半即可得梨脯成品。

（3）质量标准　优质梨脯形状扁平，色泽金黄，糖分分布均匀，表面不粘手，味甜微酸无焦味。

6. 糖水梨

（1）工艺流程　原料选择→清洗→去果柄、去皮→切分、去果心→修整、护色→预煮→分选→装罐→加热排气→封罐→杀菌、冷却→擦罐、入库。

（2）制作方法

① 原料选择。应选新鲜饱满、成熟度七至八成、肉质细、石细胞少、风味正常、无霉烂、无冻伤、无病虫害和无机械伤的果实。果实横径标准：莱阳梨和

雪花梨为 65～90mm，雅梨和长把梨等为 60mm 以上，白梨为 55mm 以上，个别品种可在 50mm 以下。

② 清洗。用清水洗净表皮污物，在 0.1％的盐酸液中浸 5min，以除去表面蜡质及农药，再用清水冲洗干净。

③ 去果柄、去皮。先摘除果柄，再进行机械去皮或手工去皮。

④ 切分、去果心。用不锈钢水果刀纵切成两半，挖除果心及萼筒。

⑤ 修整、护色。除去机械伤、虫害斑点及残留果皮等，然后投入 1％～2％食盐水中浸泡护色，再用清水洗涤两次。

⑥ 预煮。在清水中添加 0.1％～0.2％的柠檬酸，加热煮沸后投料，看果形大小煮 5～10min，以煮透不烂为度。

⑦ 分选。根据果形大小、色泽及成熟度分级并除去软烂、变色、有斑疤的果块。

⑧ 装罐。在消毒过的玻璃罐内，装入果块 290g，加注糖水 220g。

⑨ 加热排气。装罐后即送排气箱加热排气，罐中心温度在 80℃以上。

⑩ 封罐。放正罐盖，在封罐机上封罐，不得漏气。

⑪ 杀菌、冷却。将罐头在沸水中煮 15～20min，然后分段冷却至 38℃。

⑫ 擦罐、入库。擦干水分，在常温库房中贮存一周。

（3）质量标准

① 果肉呈白色或黄白色，色泽比较一致，糖水较透明，允许存在少量不引起浑浊的果肉碎屑。

② 具有本品种糖水梨罐头应有风味，甜酸适口，无异味。

③ 梨片组织软硬适度，食时无粗糙石细胞感。块形完整，同一罐中果块大小一致，不带机械伤和虫害斑点。

④ 果肉不低于总净重的 55％，糖水浓度不低于 14％～18％（开罐时按折光计）。

（4）注意事项

① 酸度低于 0.1％的品种，糖水中应添加 0.15％～0.2％的柠檬酸。

② 生产过程必须迅速，特别是在处理果实、封罐和杀菌等环节上。

③ 预煮时要水多、蒸汽足、量适宜，从而达到透而不烂。

④ 不使用成熟度低或贮藏受冻的梨。冬季生产糖水雪花梨时，用 30℃左右的煮梨水浸泡 30min，可防止预煮时梨块变色。

7. 糖梨片

（1）原料　酸涩沙梨 65kg，白砂糖 60kg，食盐 10kg。

（2）操作步骤

① 盐渍。将完好新鲜沙梨削去表皮，切成片状，按一层梨片一层食盐装入容器内，装满后用竹笪盖面，并用重物压实，盐渍 10d 即可使用。

② 漂洗和烫煮。将盐渍梨片捞出，放入清水中漂洗 16h，换水两次，然后捞出，投入沸水中烫煮，经常翻动，待烫煮熟透即捞出滤干。

③ 糖渍、糖煮。用白砂糖 25kg 和经过烫煮的梨片，按一层梨片一层白砂糖装入容器内，糖渍 16h 后，连同糖液一起倒入锅中，糖煮 30min，再加入白砂糖 10kg，煮至 30°Bé 时即可起锅，将梨片连糖液一起倒入容器内，再将剩下的白砂糖 25kg 盖在上面，糖渍 5～7d，捞出放在阳光下暴晒。边晒边翻动，让部分糖液粘在梨片表面，待晒至梨片表面起霜即为成品，密封贮藏。

（3）质量要求　成品应为片状，味甜脆口，滋润；总含糖量 70％～80％，水分 10％～20％。

8. 梨子蜜饯（川式）

（1）原料配方

鲜梨子 150kg，川白糖 85kg，石灰 11.25kg。

（2）制作方法

① 选梨。选择大小均匀、无虫无疤、完整成熟的糖型细砂梨作坯料。

② 制坯。用刨刀将梨表皮刮净，逢中切成两瓣，取籽挖心，注意保持形态完整。

③ 灰漂。100kg 果坯用石灰 7.5kg。果坯浸入灰水中拌匀，先漂 4h，换灰水再漂 12h，然后起出灰池，用清水冲净果坯表面的灰渍。

④ 水漂。将果坯放入清水池中浸漂 12h，期间换水 2 次，至水转清为止。

⑤ 燎坯。将水烧开，倒入坯子，燎煮 3～5min，即捞入清水池，回漂 12h，期间换水 1～2 次，然后将果坯下锅用沸水煮制、煮熟后即可喂糖。

⑥ 喂糖。喂糖时间以 24h 为好，糖浆宜宽，以坯子在糖浆中能松动为宜。

⑦ 收锅。将精制糖浆（35°Bé）和果坯放入锅内煮沸约 5min，待温度升到 115℃时起入蜜缸，蜜制 48h。

⑧ 起货。先把新鲜糖浆熬至 112℃，再加入蜜坯。火不要过大，当温度回升至 115℃，果坯已软时，就可起入粉盆。蜜坯冷却至 50～60℃时，经粉糖后即为成品。

（3）质量标准

规格：半边梨形，形态饱满。

色泽：白色略黄。

组织：砂细，爽口，饱满。

口味：纯甜爽口，略有原果风味。

二、沙果的糖制技术与实例

1. 沙果酱

沙果又名花红，是一种常见水果。用其制作沙果酱浓而不腻，鲜醇爽口，营养丰富且具有原果的清香，在一些地方上市后很受欢迎。

（1）备料加工　剔除新鲜沙果中病、虫及霉烂果，洗净削去皮，去心籽后切成 0.5～1cm 厚的片。按 78kg 沙果、22kg 水的比例放入大锅中煮沸 5min，使果肉充分软化。稍冷却后送入打浆机内打成糊糊状。

（2）配酱包装　按 100kg 果肉、70kg 砂糖的比例配料。先将砂糖制成 75％的溶液，取一半糖液煮沸后与果肉拌匀，再添加另一半糖液加热并搅拌均匀。待温度升至 105℃、可溶性固形物达 68％时出锅。酱体自然冷却至 70℃时装罐密封，再放入高压锅或沸水中杀菌 20～25min。取出冷却即为成品。

（3）沙果酱容易出现的质量问题　一是酱体难以保持凝胶状态，其原因是浓缩时间过长，果胶水解失去胶凝力；或是酱体含酸量过高或过低，配料时糖的比例过大。防治办法是可溶性固形物严格控制在 65％～70％，pH 值控制在 3.1 左右，果胶含量控制在 0.6％～1％。二是酱体呈棕褐色，其原因是加热浓缩时间过长引起糖焦化或果实色素转变，或是未及时冷却装罐及封口后未及时冷却。防治方法是严格操作程序，及时衔接上下工序。

2. 家制沙果脯

（1）原料配方　沙果 1kg，白糖 360g，柠檬酸 0.1g，冷水 300mL。

（2）制作方法

① 将无损伤的沙果洗净，去皮、除核，切成两半。

② 取冷水 250mL、白糖 260g 和柠檬酸 0.1g 放入锅内，置于大火上煮沸后放入沙果，再改用小火煮约 20～30min，然后加入 100g 白糖和 50mL 冷水，煮 15～20min，即可离火。

③ 将煮好的沙果连同糖液一起浸渍 3～4h。

④ 把沙果捞出，放在竹屉上沥干糖液，晒干（以不粘手为准）即成。

（3）产品特点　酸甜可口，果味浓郁，制作较简便。

三、海棠果的糖制技术与实例

1. 蜜饯海棠（京式）

（1）原料配方　鲜白海棠 32.5kg，0.5％的亚硫酸氢钠溶液 50kg，白砂糖 30kg。

（2）工艺流程　选料→清洗→剪梗→刺孔→熏硫→漂洗→煮制→冷却→包装→成品。

（3）制作方法

① 选料。选用品种优良的白海棠，剔除 20g 以下的小果及有病虫害、斑疤、破裂、变色等不合格果。

② 刺孔。先将海棠用清水洗涤干净，果柄留 2cm 长，多余的剪去。然后用

刀挖去花萼，再用刺孔机在果身上均匀刺孔。

③ 浸硫。将处理好的果实倒入浓度为 0.5％的亚硫酸氢钠溶液中浸泡，时间 1h 左右，然后捞出用清水漂洗干净。

④ 煮制。先将白砂糖配成浓度为 55％的糖液，用绢罗或纱布过滤。然后将海棠及为果实重量 1.5 倍的糖液一起倒入煮锅内，用大火煮沸。煮沸后，立即压火，改用文火熬煮，使锅内保持轻微的沸腾状态；同时应轻轻翻动，使果实均匀吸收糖液。此时切忌使用大火，否则容易引起果脱皮使果煮烂。煮至果实表面产生细小裂纹，变得透明，用手捏感到绵软时即可端锅离火。

⑤ 冷却。用竹笊篱将果实捞出，放在瓷盘或木槽中冷却。在冷却过程中可将果实轻轻翻动，以免粘在容器上造成破损。

⑥ 包装。将剩余的糖液再经过滤后与果实混合，一同装入已彻底消毒过的玻璃瓶中封严贮存，如前店后厂，也可散装销售。

（4）产品特点　色泽金黄，汁液清亮，香甜可口。

2. 海棠脯

如图 3-13 所示。

图 3-13　海棠脯

（1）制作方法

① 选用不烂、无虫蛀、无机械损伤的海棠果（品种以八楞海棠为宜），挖去萼洼、果柄后漂洗干净。

② 用 100kg 水加入 300g 亚硫酸氢钠，配制成 0.3％的亚硫酸氢钠溶液，将海棠果倒入浸泡 30min 后，捞入筐中控去水分，准备煮制。

③ 用含硫的 27～29°Bé 的糖水，加亚硫酸氢钠 100g，烧开后每锅放入备用海棠果 40kg 左右，要随时翻动，煮至海棠表面有小裂纹时，分三次加入砂糖 25kg，待全部煮熟，将海棠捞于缸中，注意轻捞轻放，以装半缸为宜，然后用原糖水浸泡 24h 以上。

④ 浸泡后的果子，用笊篱轻轻捞起，沥去糖水后散放于屉上（注意不要捞烂），送入烘干室，烘干室温度为65～70℃，烘至含水分18%～22%。

（2）产品特点　海棠脯含硫的为橙黄色，无硫的为橙红色，色较一致，光亮，不破不裂。

四、木瓜的糖制技术与实例

木瓜的糖渍工艺特性比其他果类有较多优点，概括如下：

① 品种多，果形大小不一，形状不一。果肉厚而致密，适于分切造型。

② 加工成熟度的范围较大，从幼果到成熟果都适于糖渍加工。除成熟果外，果肉经浸灰处理后，均不易煮烂。

③ 果肉酸度低，幼果的pH值在5～6之间，适于各种糖渍品的加工。

④ 果肉致密少汁，直到初熟以后，果汁量才开始增加。适于从不同成熟期利用其果肉与果汁。

⑤ 从幼果起，可溶性单宁成分不显著，遇铁不变色，无特殊苦涩味，加工中不存在变色、脱苦、脱涩、脱臭等问题。

⑥ 果肉颜色由浅青转白，转淡黄以至橙黄，可为制品人工着色创造良好条件。

⑦ 无特有气味，适于人工添香、添味。

木瓜的糖渍工艺技术与实例介绍如下。

1. 数字瓜及字母瓜

本品利用木瓜组织致密的特点，刻成数字或字母形，制成玩具糖渍品，可在食用时做数字加减及字母拼音的游戏。

（1）加工工艺

① 原料处理。把六、七成熟的木瓜剖开，除皮、除种子，切成比计划字形稍大的瓜片，厚约0.5cm。随即以饱和石灰水浸泡2h，移出，清水漂洗。在沸水中烫漂约1min，移出，投入清水中散热，然后沥干水分。用棉布在平台上平压瓜片，以吸干多余水分。随即用刻模印压器把瓜片压切出所需的字模瓜片。字母以26字为一套，数字以1～10及加减符号为一套，字形大小约在3cm×3cm。

② 糖渍。配35%蔗糖溶液，煮沸后倒入装瓜片的容器糖渍，24h后移出糖液，补加糖液重10%～15%的蔗糖，煮沸后倒入瓜片再糖渍24h。如此经4～5次渗糖，使瓜片吸糖达60°Bé以上，捞出瓜片沥去糖液。

③ 烘干。在平底烘盘中把瓜片一块一块摊平，以65℃烘4h左右，至表面糖液稍干便于翻动时，把瓜片翻转，继续干燥至含水量不超过15%。烘干后放冷。

④ 成品包装。用全透明聚乙烯袋分套包装。每两套数字及两套字母用塑料盒作一盒密封包装，并说明使用法、拼玩法等，适于作为儿童礼物。

（2）副产品利用　切削出的木瓜片边角碎料可留作"柠檬瓜条"的原料。

2. 柠檬瓜条

如图 3-14 所示。

图 3-14　柠檬瓜条

本品利用木瓜组织配合柠檬的色、香、味进行糖渍，制成瓜条，具有柠檬的色、香、味特点。本品可利用上述数字瓜及字母瓜加工后所得的边角废料，以节约原料。

加工工艺如下：

① 原料处理。取六、七成熟的鲜木瓜，削除绿色表皮，剖开除籽，切碎。沸水烫漂 1～2min。可利用数字瓜及字母瓜边角废料与之混合。加一倍量清水，入打浆机打成细浆。加入高速离心分离机中甩除水分，准备配合糖渍。

② 配合糖渍。每 50kg 木瓜浆肉所用辅料如下：干燥白砂糖 38kg、柠檬酸 150g、食用柠檬香油 100mL、姜黄色素适量、纯淀粉糊 1.2kg。把上述木瓜浆及配料加入打浆机打浆 25min，移出，进行烘制。

③ 烘制成型。烘制时，先在平底烘盘底面撒一薄层糖粉，然后加入木瓜糖浆，上面再撒糖粉，把表面压平，压成 1.5cm 厚的薄层。

加入烘干机以 60℃烘到表面半干时，翻底面再烘。期间翻转烘到约半干，移出，分切成 1.5cm×4cm 的条块，再烘到含水量不超过 3％为止，冷却后包装。

④ 成品包装。成品在包装前，用柠檬香油轻度喷雾一次。然后用聚乙烯袋做定量密封包装。

3. 双色夹心瓜

本品是利用未熟木瓜与初熟木瓜及陈皮组合而成的夹心糕一类制品，外形美观，风味独特。

加工工艺如下：

① 木瓜夹心酱。取肉色转黄，但组织仍未软的木瓜，去皮、去籽，把果肉切碎，加同量清水，入打浆机打成细浆，再用离心分离机甩除水分，取甩水后细

浆 10kg 加砂糖 10kg，鲜鸡蛋蛋白两个，姜黄色素液适量，入打浆机打浆 25min，移出备用。

② 陈皮夹心酱。取上述甩水木瓜酱 9.5kg，加砂糖 9kg，加脱苦陈皮粉末 0.5kg，甘草粉末 100g，鲜鸡蛋蛋白两个，入打浆机打浆 25min，移出，备用。

③ 夹心基片。取肉色未变黄的未熟木瓜，去皮、去籽，切碎，加同量清水，入打浆机打成细浆。再用离心分离机甩除水分，移出。每 120kg 细浆加砂糖 100kg，入打浆机打浆 25min，移出。摊放在涂有蜂蜡的浅平烘盘中，压成 0.5cm 的薄层，入烘干机以 65～70℃ 烘到表面半干，再翻转底面烘到半干，即进行涂酱。

④ 涂酱叠层烘制。在烘盘中把一块基片表面均匀涂上一层木瓜夹心酱，厚约 0.5cm。再取另一块基片压紧密合，形成木瓜酱夹层。再在夹层上的基片表面，涂上陈皮夹心酱，厚约 0.5cm，表面同样再加基片一块，密合压紧，形成双重夹层。即移入烘干机以 60℃ 烘到全块含水量不超过 10% 为止。移出，准备成型。

⑤ 成型包装。把成品分切成 3cm×6cm 的方块，每 5 块叠好用玻璃纸包紧作一小包，每 2 小包或 4 小包用透明塑料盒密封包装，加商标说明。

4. 麦精橘汁瓜

本品以麦芽糖加柑橘果汁配合木瓜片糖渍而成。制品为半透明状态，具柑橘芳香，食感松脆，外观肥厚。含水量在 19%～20% 之间，为典型半干态蜜饯制品。

加工工艺如下：

① 原料选择及处理。选取肉质还未软化的鲜木瓜，去皮、去籽，分切成 1cm 厚，3cm×5cm 大小的小块，投入饱和石灰水浸灰约 6～8h。移出用清水漂洗后沥干。

② 原料配比。瓜片 50kg，麦芽糖（50% 浓度）30kg，砂糖 25kg，柑橘精油 30mL，柑橘汁 8kg，苯甲酸钠 40g。

③ 糖渍。除柑橘精油之外，把上述原料混合入精煮锅加热缓缓搅拌煮沸，煮到沸点 104℃ 时停止加热，放置 1d，次日再加热煮沸到 108℃，停止加热，放置 2d。再加热煮到沸点 112℃ 后停止加热，放置 2d 后，用沸水烫去表面糖液，入烘干机烘到表面半干，冷却后包装。

④ 成品包装。成品在进行包装时，先用乙醇把柑橘精油冲稀到 150mL，在平台上把成品摊开，用喷雾器向成品喷柑橘精油。随即用玻璃纸单片包裹，再把 10～20 片叠合用聚乙烯再包装密封，最后用商标纸包装。

5. 奶心瓜卷

本品为瓜卷夹心糕的一个类型。木瓜与富含蛋白质的全脂奶粉组合，具有雪梨的清香，为颜色浅淡的卷粒形，别具一格。

加工工艺如下：

① 原料选择及处理。鲜木瓜成熟度的范围可从未熟幼果到初熟果，肉质开始变黄但尚坚密的均可采用。削去外皮，剖开除籽，切碎。加同量水入打浆机把果肉打成细浆，再用离心分离机甩除水分，即得带湿浆肉。

② 糖渍制片。每 50kg 带湿浆肉加砂糖 35kg，加纯淀粉糊 5kg（玉米淀粉与水按 1∶6 煮成糊状）。入锅加热，缓缓翻炒到全部结成团块为止。移出，摊放在底面撒有一薄层糖粉的平底烘盘上，压平，压成厚度约 3～4mm 的薄片，以60℃烘到半干。然后趁热涂布卷制。

③ 涂布卷制。先配制浓度为 65％的砂糖液约 8kg，加入雪梨香精 30mL。然后把糖粉与全脂奶粉等量混合。一面缓缓加入糖液，一面搅拌均匀，以拌完 2kg等量混合物为止。随即将刚出烘干机的瓜片的底片表面涂上一薄层涂料。涂布均匀后，把瓜片紧紧卷成卷状，再入烘干机以 60℃烘干到含水量不低于 8％为止。移出，冷却后切成卷粒。为使卷粒大小一致，在卷成条状时，以卷径在 2～2.5cm 大小为宜，卷粒以长 2cm 较好。

④ 成品包装。以全透明聚乙烯层制纸袋做定量密封包装。或以玻璃纸做单粒包裹后外加商标纸包装，再以透明塑料软盒密封包装。

6. 佳味香瓜

本品由木瓜酱与木瓜粒配合各种配料糖渍而成，具有香、甜、酸、咸的混合风味。

加工工艺如下：

① 糖煮瓜粒。选取质量坚实的木瓜削去外皮，剖开除籽，切成 1.5cm 的方粒，投入饱和澄清石灰水浸泡 6～8h，移出，以沸水热烫 2min，移出，沥干水分。每 50kg 瓜粒用 60％浓度的砂糖液 40kg 一同加入糖煮锅中，缓缓加热煮沸，以补加水分维持浓厚的方法使沸点停留在 104℃ 20min 及 110℃ 10min，停止加热，准备配酱。

② 糖煮瓜酱。把去皮、除籽后的木瓜果肉切碎，加一倍水入打浆机打成细浆，入离心分离机甩除水分，把湿浆每 50kg 加砂糖 30kg，麦芽糖浆（60％浓度）10kg，精盐 1kg，柠檬酸 450g，肉桂粉、甘草粉、陈皮粉等量混合粉 200g，苯甲酸钠 100g，一同混合加入加热糖煮锅中煮成面团酱状，停止加热，移出进行粒酱配合。

③ 粒酱配合。把瓜酱加入瓜粒中，继续加热搅拌均匀，煮成团块状为止。停止加热，冷却后包装。

④ 成品包装。以玻璃纸把每粒瓜粒带部分瓜酱做单粒或双粒包装，外加商标纸。再以透明聚乙烯层制纸印制商标说明做定量 100g 或 250g 小袋密封包装。

成品含水量不超过20％。

7. 木瓜脯

（1）原料配方　木瓜1kg，白糖400g，亚硫酸氢钠1g，明矾2g，冷水800mL，柠檬酸0.1g，石灰水（浓度为5％）1L。

（2）制作方法

① 将六成熟木瓜洗净，去皮、去籽，切成5cm长、2cm宽、1cm厚的长条。

② 将亚硫酸氢钠放入500mL冷水中配成溶液，放入木瓜条浸泡15～20min，随后用清水冲洗干净。

③ 把木瓜条放入1L石灰水中浸泡2～4h，再用清水漂洗干净。

④ 取冷水250mL、白糖200g及柠檬酸0.1g、明矾2g放入锅内，置于大火上煮沸后改用小火熬成糖液；然后放入木瓜条煮约5～7min；再加入50g白糖和50mL冷水，煮10min；最后加入剩余约150g白糖，再煮20～30min即可离火。

⑤ 将煮好的木瓜条连同糖液一起浸泡3～4h。

⑥ 把木瓜条捞出，放在竹屉上沥干糖液，晒干（以不粘手为准）即成。

（3）产品特点　果色金黄，果味甘酸芳香，食之怡人。

第四章 核果类果实的糖制技术与实例

第一节 桃的糖制技术与实例

桃富于汁液，出汁率可达80％，可食部分固形物不超过15％。果肉结构组织疏松带韧性，加热水煮易烂。所含的酸以苹果酸为主。含酸果肉与糖共煮易产生转化糖，使制品具强吸湿性，所以只能制湿态糖渍品。其果皮部分富含单宁，长时间浸灰可变棕黑色，故不能进行浸灰处理。由于这些不利于糖渍的特性，其糖渍品种受到局限。但糖渍后成品具有特有的桃甜酸风味，适当处理，仍不失为优良的糖渍制品。

一、桃蜜饯的制作实例

1. 蜜桃片

（1）原料配方（产品100kg） 鲜桃150～160kg，白糖75kg，低亚硫酸钠（保险粉）100～200g，饴糖5kg。

（2）工艺流程 选果（7～8成熟，果块横径24～40mm）→洗果→剖半（中部剖开）→切纹（切成梳状）→热烫（水开放桃，加保险粉，桃变色即捞出）→冷却→浸糖（浸24h，按桃片重量加50％～60％的糖）→第一次糖煮（剩余糖水自20°Bé浓缩到32°Bé，加入桃片，再煮到32°Bé，入缸浸糖5～7d）→第二次糖煮（加热浓缩到35～36°Bé，放饴糖，使糖液到38～39°Bé）→成品（捞出放入池内冷却）→交库（和余下糖液，腌1个月，不浸糖液即可出厂）→浸糖液。

（3）感官指标

色泽：原果实剖半形状，果实表面切痕如梳状，条纹均匀，糖液面无糖结晶及肉眼可见的杂质，肉核相连，果仁去净，切口平整应占95％以上，果块横径为 24～40mm，大小一致。

组织：糖液渗透均匀，组织饱满，果肉柔嫩。

滋味：清甜，带微酸，具有桃子应有的风味，无焦味、异味。

理化指标：总糖 68％～74％，还原糖 35％～45％，总酸 0.4％～0.8％，水分 17％～22％。

微生物指标：无致病菌及微生物作用所引起的发酵、发酸、霉变等现象。

保质期：浸糖液 6 个月，不浸糖液 3 个月。在保质期内，不允许返砂、发霉、发酵、生虫。

2. 桃制果丹皮

桃可制成深受儿童及妇女喜爱的"果丹皮"。这种制品对原料的要求不高，可充分利用残次果与落地果以及食品加工厂的边角料。无论大、中型食品加工厂，或社队企业小厂以及家庭副业都可根据自己的条件进行制造。这里介绍的"果丹皮"，不外加任何添加剂，产品具有浓郁的桃子风味。

（1）工艺流程　拣选、洗果→切半、去核→软化→制浆→浓缩→摊盘→烘烤→包装。

（2）制作方法

①拣选、洗果。剔除烂果、杂质，削去病虫伤及机械伤果肉，以清水充分洗涤干净。

②切半、去核。将洗净的鲜桃纵切成两半，用刀挖去桃核（最好用不锈钢刀），把果肉削下来也可。

③软化。将去核的桃果洗净，倒入开水中煮沸 10min 左右（视果肉软硬度而定）。果块与水的比例为 1∶1。最好用不锈钢锅进行软化，也可用铝锅，但不要用铁锅。

④制浆。将软化了的桃果（带有部分水）用胶体磨或打浆机制浆，家庭制作时可用磨推浆。

⑤浓缩。将浆液倒入夹层锅中熬煮，不断搅拌以免焦煳。有条件的可用真空浓缩锅或薄膜蒸发器浓缩，效果更好。家庭制作用铝锅在明火上浓缩。浓缩至稠糊状即可，此时若用折光计测定，可溶性固形物约为 20％。

⑥摊盘。将浓缩好的糊状物均匀地摊在盘上，厚度 0.3～0.5cm。烘盘可用钢化玻璃板、不锈钢盘等，家庭制作可用搪瓷茶盘代替。

⑦烘烤。温度 65～70℃，去除大部分水分，揭起呈皮状即可，此时含水量在 18％左右。烘烤房视条件而定，煤火土烤房、蒸汽管道烘房、远红外烘烤设备等均可。

⑧包装。将趁热揭起的桃皮切块卷成卷，用玻璃纸或无毒透明塑料薄膜包装。

3. 桃脯（京式）

如图 4-1 所示。

图 4-1　桃脯

（1）原料配方　鲜桃 200kg，白砂糖 32.5kg，亚硫酸氢钠适量。

（2）工艺流程　选料→分级→切瓣→去核→去皮→浸硫→第一次煮制→浸渍→第二次煮制→晾晒→第三次煮制→整型→烘制→包装→成品。

（3）制作方法

① 选料。多选用白肉品种，如"快红桃""大叶白"等，采摘时应选择色泽金黄，肉质细腻、有韧性，成熟后不软不绵的果子。若选用绿色果实煮制桃脯，放入烘房烘干后，成品色泽翠绿，用阳光晒干后，成品呈墨绿色，质量极差；若选用红色果实加工果脯，色泽暗而不鲜，也不适宜。

② 切分。先将桃子按大小及成熟度不同分级，然后将选用的桃子沿缝合线用水果刀剖开。剖时，刀至果核，防止切偏，然后去除果核，制成桃碗。

③ 去皮。将桃碗凹面朝下，反扣在输送带上进行淋碱去皮，氢氧化钠溶液浓度为 13%～16%，温度为 80～85℃，时间为 50～80s（浓度与时间可根据原料成熟度而定）。淋碱后迅速送入清水中搓去残留果皮，再以流动清水冲净桃碗表面残留的碱液。也可在稀盐酸液（pH 值 2～5）中进行中和后冲洗干净。

④ 浸硫。将桃碗浸入含 0.2%～0.3% 的亚硫酸氢钠溶液中浸泡，浸泡时间约 30～100min。

⑤ 第一次煮制。配成浓度为 35%～40% 的糖液，并加入 0.2% 的柠檬酸，将桃碗倒入锅内煮沸，注意火力不可太强，以免将桃碗煮烂。第一次煮制约 10min 即可。

⑥ 浸渍。煮好后将桃碗及糖液一同倒入浸渍缸中浸渍 12～24h。浸渍时间可根据桃碗大小加以掌握，以桃碗吸糖饱满为度。

⑦ 第二次煮制。先将糖液浓度调至 50%，然后将桃碗倒入煮制 4～5min 即可捞出，沥净多余糖液进行晾晒。

⑧ 晾晒。将桃碗凹面朝上（以便蒸发水分）排列在竹屉上在阳光下晾晒（也可入烘室烘干）。晒至果实重量减少 1/3 时即可，收回煮制。

⑨ 第三次煮制。将糖液浓度调到 65%，然后将晾晒过的桃碗倒入煮锅连续煮 15～20min，即可捞出。

⑩ 整型。将捞出的桃坯，沥净多余糖液，摊放在烘盘上冷却，待冷却后，用手逐一将桃碗捏成整齐的扁平圆形，规格不齐的剔出另做处理，然后再入烘房烘干。

⑪ 烘制。烘房温度控制在 55～60℃，烘制 36～48h，中间需加以翻动，烘至桃碗不粘手即为成品。

⑫ 包装。桃脯可用玻璃纸逐个包装；也可装入塑料薄膜食品袋，然后装入纸箱内。注意防潮。

（4）产品特点 呈扁平圆形，色泽金黄，半透明，清香甜美，肉质柔糯而近皮处微脆。

4. 香草桃片（广式）

（1）原料配方 桃坯 50kg，白砂糖 8kg，甘草 2.8kg，茴香精 225g，糖精 70g，香兰素 165g，橘子黄食用色素 150g。

（2）工艺流程 选料→制坯→漂洗→晾晒→浸渍→烘干→包装→成品。

（3）制作方法

① 选料。选肉质厚、纤维少的鲜桃，以果实七八成熟、果块横径在 24～40mm 为佳。

② 制坯。将桃果用清水洗净，沥去浮水。从中部连核一剖两半，然后将果肉切成梳状。另将清水入锅，加热煮沸，把桃片放入锅中烫漂，随即捞出，放入清水中漂洗至冷。再将果片捞出摊晾在竹席上，晾晒至干即为桃坯。

③ 浸渍。先把甘草加入清水煎为浓汁，再把砂糖和香料加入，拌和均匀，配成料液。然后倒入装有桃坯的缸中，浸渍腌制。腌至料液已全部被果坯吸尽，果坯胀满时，即可捞出。

④ 烘干。将捞出的果坯，摊放在烘盘上，入烘房烘干（或在阳光下暴晒）即为成品。

（4）产品特色 香味芬芳，甜咸适口，带有浓厚的地方特色。

二、桃酱的制作实例

1. 桃子酱

（1）工艺流程 原料→切分→去核→去皮→修整→绞碎→配料→软化和浓缩→装罐→密封→杀菌、冷却→擦罐、入库。

（2）原料配方

① 原料选择。选用水蜜桃、大白桃、早黄桃等品种，挑选八成熟、无病虫、无机械损伤、无腐烂的果实。

② 切分。沿桃子缝合线对半劈开。

③ 去核。用圆形挖核圈或匙形挖核刀挖出桃核。去核后的桃块立即放入1%～2%的食盐水中，以钝化果肉中的多酚氧化酶，防止桃褐变。

④ 去皮。将桃块放入4%～6%的氢氧化钠溶液中，保持在90～95℃的温度下，浸30～60s，进行脱皮。然后取出桃块投入流动水中冷却。成熟度过高的桃子，则不用碱液去皮，可直接进行热浸后剥皮。热浸后的桃块立即放入清洁流水内冷却，漂洗15min。漂洗时轻轻搅动，使桃块间稍有摩擦，以脱净果皮。

⑤ 绞碎。将修整、洗净后的桃块，用绞板孔径为8～10mm的绞肉机绞碎，及时加热软化，防止变色和果胶水解。

⑥ 配料。果肉25kg，砂糖24～27kg（包括软化用糖），淀粉糖浆适量，柠檬酸适量。

⑦ 软化和浓缩。果肉25kg，加10%糖水15kg，放在夹层锅内加热煮沸约20～30min，使果肉软化。软化时要不断搅拌，防止焦煳。然后加入规定量的浓糖液，煮至可溶性固形物含量达60%时，加入淀粉糖浆和柠檬酸。继续加热浓缩，至可溶性固形物达66%左右时，起锅，迅速装罐。

⑧ 装罐。将桃酱装入经清洗消毒的玻璃罐内，胜利瓶装630g，9116型马口铁罐装1000g，最上面留适当空隙。

⑨ 密封。在酱体温度不低于85℃时立即密封。

⑩ 杀菌和冷却。杀菌公式为5～15min/100℃，分段冷却至40℃以下。

⑪ 擦罐、入库。擦干罐身和罐盖，放在20℃的仓库内贮存1周即可出库。

（3）质量标准

① 感官指标：酱体红褐色或琥珀色，均匀一致，具有桃子酱风味，无焦煳和其他异味，酱体内无粗大果块，酱体呈胶黏状，不流散，不分泌汁液，无糖的结晶，无果皮、果梗等。

② 理化指标：总糖量不低于57%（以转化糖计），可溶性固形物含量不低于65%（按折光计）。

2. 仙桃酱

（1）原料配方　桃子肉500g，白糖400g，柠檬酸3g，冷水500mL，仙桃香精2滴，明胶适量。

（2）制作方法

① 将已成熟的桃洗净、去皮、切半、去核，然后切碎。

② 把切碎的桃肉放入锅中，加水和柠檬酸搅拌一下，置于旺火上煮5min，

加入白糖不断搅拌，待白糖溶化后，改用小火约煮 10min。

③ 明胶放少许水置火上加热，使明胶完全溶化，然后将明胶倒入煮果酱的锅中，搅拌均匀，稍煮片刻后，用汤匙取少量果酱，再缓慢滴回锅中，若最后几滴不流散拉长，则说明煮得恰到好处，即可关火，并滴入香精搅匀。

④ 用干净容器盛装桃酱，加盖密封即成。放在阴凉通风处保存。

(3) 产品特点 酸甜适度，香味诱人，且有"益颜色""止咳逆上气"之功效，是老少皆宜的甜食小吃。

第二节 杏的糖制技术与实例

杏的果肉组织随成熟度变化很大，随成熟度的加大而渐次变软，过熟时达到水软。因此，在选料时应按成熟度区分利用。在水煮时，易于煮烂，故鲜果均不宜直接水煮。未熟杏中含有较多单宁物质，在加工时应注意防止产生褐变。未熟杏，特别是杏仁中含有较多的苦杏仁素，可分解产生剧毒物质氢氰酸，应当特别注意。

一、杏蜜饯的制作实例

1. 杏蜜饯

(1) 工艺流程 原料选择→清洗→去核、去皮→修整→糖渍→浓缩→装罐→封口→杀菌、冷却。

(2) 制作方法

① 原料选择。选用肉质细密、纤维少、核小、已成熟的果实，未成熟果实适当催熟。剔除腐烂果、遭病虫害果、机械伤果和过小的果实。

② 清洗。拣去枝条落叶，用清水洗净表皮泥沙等脏物。

③ 去核、去皮。用不锈钢水果刀沿果缝合线对剖，挖去种核和果蒂，投入1.5%食盐水中保存，防止变色。如果需要去皮，可用 8%～12% 碱液加热至95℃处理，时间为 30～60s，而后漂洗直到去除残留碱液为止。

④ 修整。用水果刀修整表面与毛边，再按大、中、小分成三级。

⑤ 糖渍。先称取砂糖 116kg，加水 40kg，加热溶化后，倒入 100kg 果肉，在 70～80℃的温度下糖渍 16～20h，每隔 2～3h 轻轻搅拌一次，至干物质含量达30%以上为止。

⑥ 浓缩。糖渍后将果块捞出，把滤清后的糖液加热浓缩或加糖调整至浓度为70%左右，再倒入果块一起浓缩，至干物质含量达 68.5%以上为止。

⑦ 装罐。趁热装入经消毒的 630g 玻璃罐内，装罐时罐中心温度不低于 50℃。

⑧ 封口。加盖旋紧，切勿漏气。

⑨ 杀菌、冷却。将玻璃罐投入沸水中煮 12～20min，然后用 60℃、40℃ 的温水分段冷却。

（3）质量标准

① 果肉呈黄褐色，色泽较一致，糖汁较透明。

② 具有杏蜜饯良好的风味，无焦煳味及其他异味。

③ 果实带皮或去皮，纵切为两半，无核，果块大小比较一致，不腐烂，皮肉脱离者不超过 20%，无糖的结晶。

④ 果肉重占总净重 45%～55%，可溶性固形物含量不低于 65%（按折光计），总糖量不低于 57%（以转化糖计）。

2. 杏脯

如图 4-2 所示。

图 4-2 杏脯

（1）工艺流程 原料选择→清洗→切分、去核→熏硫→糖煮→糖渍→再糖煮→再糖渍→整型→烘烤→包装。

（2）制作方法

① 原料选择。挑选果实表皮颜色由绿开始变黄的鲜杏，成熟度约八成，果实外形要整齐，无腐烂和虫蛀。

② 清洗。将选出的鲜杏放在清水中漂洗。

③ 切分、去核。将鲜杏平放，缝合线朝上，用不锈钢水果刀沿缝合线切开后，用手掰开，再用去核刀挖去杏核。

④ 熏硫。把杏片摆在烘盘上，洒上少许清水，移至熏硫室，熏 3～4h。每 1000kg 原料需用硫黄 3kg 左右。

⑤ 糖煮。称 20kg 砂糖放入锅内，放少许清水加热溶化，再将 100kg 杏片倒进锅内煮 20min，并经常搅拌。

⑥ 糖渍。将杏片连同糖液起锅，倒入缸内糖渍一天。

⑦ 再糖煮。称取 30kg 砂糖放入锅内，加少许清水加热溶化，再将第一次糖渍杏片滤出的糖液和杏片一起倒入锅内，煮 30min。

⑧ 再糖渍。将杏片连同糖液一起倒入缸内，糖渍 1～1.5d。

⑨ 整型。用竹箕捞起糖杏片，滤干糖液，将杏片压扁，铺放在烤盘上。

⑩ 烘烤。将装有杏片的烤盘送入烘房，烘房温度保持在 55～65℃ 烘烤 1.5～2d，以杏片表面不粘手为准，中间需翻动一次。也可在阳光下暴晒代替烘烤。

⑪ 包装。待冷却后包装。先将杏脯装入塑料薄膜食品袋中，再装入纸箱内，以免成品回潮。包装好后放置通风干燥处保存。

（3）质量标准　果脯呈金黄色或红黄色，形状整齐，半透明，有甜酸味。

3. 生制杏脯

（1）工艺流程　选料→切半→熏硫或浸硫→在浓度 25％ 糖液中抽空→浸泡8h→在浓度 40％ 糖液中抽空→浸泡 8h→在浓度 60％～70％ 糖液中抽空→浸泡 8h→干燥→成品。

（2）制作方法

① 选料。取八成熟杏，要求个大肉厚，无虫害。

② 切半。用清水把杏洗净。用机械或手工把杏沿缝合线分开，去掉杏核。

③ 熏硫或浸硫。将杏坯摊放在笼屉上送入熏房，每 100kg 坯用硫黄 200～300g，熏 2～4h。也可用浓度 0.2％～0.3％ 的亚硫酸钠溶液浸泡 1h。

④ 配制糖液。先配成浓度 80％ 的糖液，加柠檬酸调 pH 值为 2，加热煮沸1～2h，使蔗糖转化防止返砂。为防止变色加入 0.1％ 的亚硫酸氢钠。

⑤ 抽空。抽空在糖液中进行，糖液浓度由低到高分别为 25％、40％、65％、70％，共抽空四次。每抽空一次，糖渍 8h。真空度 700mmHg，保持 20min。第二次抽浸糖液中加入 0.1％ 苯甲酸钠（或山梨酸钾）防腐剂。

⑥ 干燥。最后一次抽空浸泡 8h 后，沥去糖液，摊放于笼屉上送入烤房烘烤，每小时翻屉一次，使受热均匀，干燥一致，温度不超过 70℃。达到含水标准即可出房。

⑦ 包装。按成品质量包装，有 250g、500g 等多种规格。要注意包装不得污染食品。

（3）质量标准　橙黄色透明，块形完整，含糖饱满，具有杏子的香气，酸甜适口。含水 19％ 左右，总糖含量 61％～65％，总酸含量 2.5％。

4. 杏化梅

（1）工艺流程　选料→腌制→干制→退盐→分选→加添加剂→包装。

（2）制作方法

① 原料要求。选个匀、肉厚的黄色鲜杏，要求八成熟、无虫病、无伤残。

② 腌制。在大缸或水泥池中腌制。100kg 杏加盐 15～30kg。成熟度高的杏要多加盐，使杏肉迅速凝固，防止软化。成熟度低的杏可适当少加盐。一般腌一周即可，最长不超过一个月。因为盐溶解度低，因此放盐要均匀，且应 3～5d 搅动一次。连续腌制可以少加盐。

③ 干制。把腌过的杏放在苇席、笼屉或水泥房顶晾晒。在晾晒过程中轻翻动，防止把杏的皱纹碰破。摊放均匀，晾干为止。如遇阴雨天可送烘房烘烤，温度不超过 50℃。烘烤的干杏话梅，不如晒干的颜色鲜亮。

④ 退盐。把干制的杏放大缸或水泥池中用清水浸泡，每 2～3h 换一次水，至基本无盐味。

⑤ 分选。剔除破烂、虫病、霉变果，按大小分类。

⑥ 加添加剂。配制：甘草 2kg，放清水 12～14kg，熬制两次，合并过滤，得甘草液 10kg；加入柠檬酸 50g，搅拌溶化。把杏放到大缸或塑料盆中喷洒均匀，然后晾干。再把盐 1.5kg 溶于 3～3.5kg 清水中，喷洒杏表面，注意使杏表面受盐均匀，然后在强阳光下暴晒干燥。每 50kg 喷香兰素 50g。

⑦ 包装。香兰素易挥发，喷后立即包装。一般用塑料袋烫封，每袋 25g，外加纸盒。

（3）质量标准　为沙土黄色，果实表面起皱纹带有白霜；个均匀，具有香、酸、甜、咸味道；含水 16%～18%，含盐 2.3%～3%。

二、杏酱的制作实例

杏酱

如图 4-3 所示。

图 4-3　杏酱

（1）工艺流程　选料→清洗、切半去核、修整→软化→打浆→浓缩→装罐→封口→杀菌、冷却。

（2）制作方法

① 选料。杏果要求新鲜饱满，成熟适度，无虫眼、霉变。

② 清洗、切半去核、修整。用流动水洗去果物表面沾染的泥沙等杂物。沿缝合线将杏切成两半，除去杏核，修去表面黑点斑疤，浸入 1%～1.5% 盐水中护色。

③ 软化。在双层锅中加入杏碗坯和少量清水加热软化 10～20min。

④ 打浆。用孔径 0.7～1mm 的打浆机打浆 1～2 遍。

⑤ 浓缩。果肉和砂糖配比：

a.块状酱：杏 80kg、白砂糖 107kg；

b.泥状酱：杏泥 140kg、白砂糖 160kg；

c.一般酱：杏 100kg、白砂糖 80kg。

先将糖溶化成 75% 糖浆，煮沸过滤浓缩到 80% 以上。杏块或泥浓缩 20min，然后倒入浓缩糖液，边搅拌边浓缩，当可溶性固形物达到 55%～65% 时出锅。

⑥ 装罐。铁罐要用抗酸涂料铁制成，事先洗净消毒；四旋瓶及盖、胶圈（垫）用 75% 酒精消毒。装罐温度 85℃，瓶口无残留果酱。

⑦ 封口。装罐后立即封口，封口温度不低于 70℃，要逐个检验封品质量。

⑧ 杀菌、冷却。四旋瓶升温 5min，100℃下保持 15min，分段冷却。766 型罐升温 5min，在 100℃下保持 15min，迅速冷却至 37℃ 以下。

第三节　枣的糖制技术与实例

枣的品种很多，适于作糖渍原料的有：义乌大枣，肉厚、质松、汁少、果甜、颗大；陕西的晋枣，皮薄、肉厚、核小、味甜、果大；河南的灵宝大枣，果大、质优。上述品种都是极好的糖渍原料。

枣的糖渍制品都是以全果加工的。果皮、果肉及果核在组织结构上都不易分开，果汁含量很少，不宜采用浆汁分离来加工。枣的外果皮很薄，几乎与中果皮混合。但其特点是角质膜组织不仅在糖渍中透糖不易，而且在果肉全部软化后，外果皮仍留有粗片状的口感。鲜枣是果类中含维生素 C 最多的少数水果之一。一般果类在干制贮藏后，所含维生素 C 都难保存。但河南大枣干制成的红枣，在贮藏半年之后，仍含有维生素 C 达 22mg/100g，与鲜番茄的含量不相上下。一种酸枣品种是枣的变种，含维生素 C 的量高达 1170mg/100g，但产量不高，值得栽培推广作为糖渍原料。

干制红枣作为糖渍原料有几个优点：一是原料可以长期贮藏，不受季节限制；二是果皮、果肉易于透糖；三是原料来源充足，无论南枣北枣都以干制红枣作为加工商品，可大量供应。但也有其缺点：果肉易于压烂，只靠果皮角质膜的保护，故在糖渍时，不宜在大型煮锅中大力搅拌，加工容量以不超过 25kg 为宜。

一、枣蜜饯的制作实例

1. 蜜枣

蜜枣（图 4-4）为历史悠久的传统蜜饯类制品，其特点为在传统的糖渍品中是最富含维生素 C 的一种。北京通县产的大糠枣，含维生素 C 约 593mg/100g，经制成蜜枣后仍留有维生素 C 218mg/100g，是值得推广的糖渍制品。

图 4-4 蜜枣

加工工艺如下：

① 原料选择及处理。原料枣要特别选用上述的大枣品种。成熟度以恰由青绿色转青白色为好。洗净后进行划皮或针刺。传统方法均采用人工划皮。划皮器是小型排针，可手握划皮器逐个把枣身周围纵向划成条纹，把皮划破，以便透糖。以往曾尝试设计各种简易木制划皮机。建议改用针刺机以改变传统费时、费工的划皮法，针刺后即可进行糖渍。

② 糖渍。针刺后的枣，其针刺深度可达到核部，不同于划皮法不能深到核部，所以针刺法的枣，透糖较易。可采用"逐次糖煮法"（见第一章），在不超过 2h 内完成糖煮过程，维生素 C 的损失不大。

先用 40％浓度的糖液，以浸没锅中枣面为度，加热煮沸到沸点 102℃维持 20min（随时补加水以维持此沸点）。再维持 104℃ 30min，维持 110℃ 20min，即补加原料枣量 10％的干燥砂糖一直煮沸到 126℃，停止加热，利用余热缓缓搅拌到结砂为止。移出，散放在平台上，趁余热进行整型。

③ 整型。用两指在果腰部压一下，使枣粒都呈一致的马鞍形，摊放于烘盘上，入烘干机以 65℃补烘到全枣含水量不超过 18％为止，冷却后包装。

④ 成品包装。用全透明聚乙烯层制纸袋做 50g、100g、200g 定量散粒密封包装，外加纸盒商标包装。

2. 枣脯

如图 4-5 所示。

图 4-5 枣脯

（1）原料配方 大枣 125kg，白糖 25kg，蜂蜜 50g，桂花 125g。

（2）工艺流程 选料→削皮去核→晾晒→熏硫→洗净、蒸透→配料糖煮、控干→滚白糖→成品。

（3）制作方法

① 选料。选择枣身通红、大个、鲜硬不绵软的枣。

② 削皮去核。用刀削去外皮，捅掉枣核。

③ 晾晒。放在阳光下晾晒一周左右，晒到不含水分成枣干为止。

④ 熏硫。将枣干放在熏笼里熏 1～2h，熏透为止。熏时最好用榆树锯末，25kg 锯末加硫黄 62.5g，点燃后闷出烟来。熏后不但能增加枣脯的香味，还能防腐、防虫、保质，能存放 2～3 年。

⑤ 洗净、蒸透。将熏好的枣干洗 2～3 遍，洗净后，捞出放入蒸笼里蒸 2～3h，蒸透为止。

⑥ 配料糖煮、控干。将 12.5kg 白糖、50g 蜂蜜、6kg 清水搅拌均匀后加火熬开，再加桂花 125g，搅拌均匀后，将蒸过的枣干煮 20～30min，使枣干浸透糖液，然后捞出控干。

⑦ 滚白糖。将白糖 12.5kg 撒在枣干上，摇滚均匀后即成枣脯。

（4）产品特点 柔韧有劲，保持原来的枣香，甘甜适口。

3. 木洞晒枣（川式）

木洞晒枣创制于 19 世纪末，至今已有 100 多年的历史。

（1）原料配方 鲜枣 105kg，川白糖 90kg。

（2）制作方法

① 选枣。选新鲜、色红、颗粒饱满、均匀、无花点、无虫眼、无变形的鲜

枣。以阳山枣为好。

② 划枣。用专制排针，针距约 3mm，在枣体上划 25～30 道纵痕，痕深约 3mm，以便去涩和蜜透。

③ 煮枣。分两次进行：第一次用旺火煮制 10min 左右，去掉黑泡沫，待枣体活软时，舀入清水缸内浸泡；第二次煮枣只需 5～6min，泡沫转为白色时，舀入清水缸内再浸泡，以除净涩水。

④ 糖浆。由川白糖加水溶化，并经提纯后熬制而成。用糖量约为配料的 80%，加水量为糖量的 25%～30%。熬至 105℃左右，浓度在 60°Bé 左右，糖浆完全溶解，清澈见底，能"挂牌"时即可。

⑤ 煮蜜。分两次进行。第一次煮蜜：糖浆（35°Bé）下锅后，用旺火煮 3.5h 左右，不搅拌，并保持糖浆浸过枣坯。糖浆因水分蒸发减少时，应添加糖浆（煮制至 2.5h 前，添加糖浆为 35°Bé，之后，则一次添加 60°Bé 左右的糖浆）25～30kg。待糖浆浓缩至 60°Bé 以上，枣体呈金黄色时，即可起锅，连同糖水盛于缸内静置。第二次煮蜜：将缸内静置 12h 后（最多不超过 4d）的枣坯连同糖水舀入锅内，加温煮沸 10min 左右，待糖浆再次浓缩至约 70°Bé 能"挂牌"时，即可起锅晒制。

⑥ 晒枣。将煮好的枣坯在烈日下连续暴晒 6d（阴雨天可烘制，烘房温度应在 50℃左右，时间约 48h），从第三天起每天至少翻动两次。晒至枣子不粘连，手捏不变形时即可。

⑦ 揩擦。取干净的白布袋，在开水中浸湿（杀菌消毒），拧干，装入晒枣，用手工揉搓 2～3min，以去掉枣面糖渍和脏物。然后，晒干表面水分，即为成品。

（3）质量标准

规格：枣子体形完整，无过小颗粒。

色泽：金黄色，略有透明感。

组织：皮略硬，枣蜜透，发砂面约占 2/3。

口味：细腻滋润，化渣离核，纯甜爽口，枣香宜人。

4. 枣干

河南永城的枣干，是用永城一带出产的长红枣（又名大长枣）制成的。

（1）原料配方 鲜枣、富强粉数量不限。

（2）制作方法

① 将富强粉（或其他上等白面）用白布包好，上笼蒸 40min。取出后晾凉，把结块的面粉搓散，过细箩，备用。

② 选枣色橙红的成熟鲜枣，剔除有病虫害、有损伤的枣。用削皮器薄薄地

削去一层枣皮。

③ 将去皮枣摊放在席上或屉上，厚 3～4cm，在阳光下暴晒 2～3d，每天翻倒 2 次；或摊在屉上，放入烘干室，在 50℃烘 8～10h。

④ 用手捏枣肉，晒（或烘）至手感柔软时，取出晾凉。

⑤ 用铁管将枣核挖出。

⑥ 把熟富强粉与枣肉拌和，使每个枣都粘上一层面粉，筛去多余的面粉。

⑦ 把枣肉再摊在席或屉上，厚 3～4cm，在阳光下暴晒 3～4d；或是摊放在屉上放入烘干室，在 60℃烘 10～12h。用手稍加用力可将枣肉捏扁即可。

⑧ 将枣肉逐个捏成扁平的长圆形，即是永城枣干。保存时要注意防潮。

（3）产品特点　枣肉细腻，清香甘美，很受群众欢迎。

5. 参膏醉枣

本品是以人参浸膏为主，配以清补药酒来进行糖渍的红枣制品，具有培元补气之功，具有酒的醇香而无酒的刺激性，富有醉枣的特有风味，是别具一格的果类滋补糖渍品。

（1）加工工艺

① 原料红枣的选用。要选取颗大、肉厚、核小的品种（河南大枣、义乌大枣、陕西晋枣等），除去小粒、破粒、干缩粒、虫粒、压扁粒、霉变粒。

② 预蒸。把选好的红枣洗净，沥干水分，用蒸汽常压蒸 10～15min。亦可加压蒸煮，即在 147kPa 蒸气压下蒸 5min 左右。移出，准备浸渍。

③ 浸渍醉液的配制。每 50kg 蒸枣的醉液配制如下：选取含酒精 60％的饮用高级白酒（例如茅台酒、汾酒、三花酒、各种高度曲酒等，若度数不够则再蒸馏一次，取 60％足度酒）35kg，作醉液酒基。净砂糖 50kg 加清水 10kg，加热溶解成浓厚糖浆。加入酒基，搅拌均匀，再加入浸膏配成的醉液人参浸膏 1000mL，甘草浸膏 1000mL，檀香浸膏 500mL，白菊浸膏 500mL，香排草浸膏 500mL，迷迭香浸膏 500mL，茯苓浸膏 500mL，以及糖精 20g。

④ 醉液浸渍。把蒸枣及醉液一同加入密封容器密封浸渍 6 周以上。每 10d 翻液一次（把浸液移出再加入），最后取出醉枣，以同样适量白酒洗去醉枣表面糖液，沥干，准备包装。剩下醉液可调整后重复使用。

⑤ 成品包装。用铝箔聚乙烯层制软盒密封包装，定量分 50g、100g、250g、500g。

（2）多种食用法　本品除作糖果食用外，餐馆可用作宴会用拼盘配料、宴会餐后特种果品或老弱者餐后补品。

6. 甘草酸枣

（1）原料配方　酸枣 1kg，甘草粉 5g，白糖 300g，冷水 400mL，茯苓少许。

（2）制作方法

① 将无腐烂的酸枣洗净。

② 取冷水、甘草粉、茯苓和白糖放入锅中，加入酸枣，置于大火上煮沸后改用小火煮30～40min，离火后浸泡半天。

③ 将酸枣捞出，放在竹屉上沥干汁液，晾晒一天。晒至七八成干时，将锅中剩余的汁液分2～3次喷洒在酸枣表面，搅匀后即可食用。

（3）产品特点 酸枣集苦、酸、甜味于一身，风味别致，是患有头痛、失眠、神经衰弱、贫血、眩晕症患者的理想保健食品。

二、枣酱的制作实例

枣蓉

（1）工艺流程 选果→浸泡→处理→软化→打浆→配料→加热浓缩→装罐→冷却→入库。

（2）制作方法

① 选果。选用干燥、掰开枣肉不见丝纹，粒大而均匀，颗粒短壮圆整，核小、皮薄，肉质细实、味甜，无酸、苦、涩味的原料。

② 浸泡。以清水淹没红枣为度，浸泡一天左右，再加流动清水洗净杂质。

③ 处理。剥开枣肉去核，并剔除虫蛀、肉烂等不合格红枣。

④ 软化。将红枣100kg加水50kg，放入夹层锅内加盖焖煮2h，中间需翻动几次。

⑤ 打浆。经孔径为0.5mm的打浆机打浆一次，浆料在尼龙细网眼筛上搓磨去枣皮。

⑥ 配料。糖液（75％）50kg，琼脂液100g，枣泥浆50kg，猪油1.5kg，淀粉乳7.5kg，桂花香料1.5kg。

a.琼脂液制备：琼脂1份加水10份，加热溶解过滤后备用。

b.桂花香料配制：桂花10份添加水2份，充分搅拌溶化过滤备用。

c.淀粉乳配制：淀粉3kg加水4.5kg搅拌混合后粗滤备用。

⑦ 加热浓缩。在夹层锅中将枣泥浆与淀粉乳混合后，加入糖液搅拌，加热浓缩至可溶性固形物达55％时，添加猪油及桂花香料，继续浓缩10min后出锅。

⑧ 装罐。趁热立即装罐。玻璃罐与盖要经100℃水煮5min。枣蓉中心温度应不低于80℃。

⑨ 封罐。放正罐盖，旋紧后倒罐2min。

⑩ 冷却。立即分段冷却至38℃左右。

⑪ 入库。擦干水分，放入温度20℃左右的库房中贮藏一周即可出库。

第四节 其他核果类果实的糖制技术与实例

一、李子的糖制技术与实例

1. 李干

如图 4-6 所示。

图 4-6 李干

（1）工艺流程 原料选择→浸碱→漂洗→剖半去核→干制→包装。

（2）制作方法

① 原料选择。选用果形大小中等、果皮薄、核小、肉质致密、纤维少、含糖量在 10% 以上的充分成熟的果实。

② 浸碱。为去除果实表皮的蜡质，加速干燥，需进行浸碱处理。将果实用浓度为 0.25%～1.5% 的氢氧化钠溶液浸泡 4～30min，浸泡时间不宜过长，以免造成果皮破裂或脱落，浸碱良好的，果面有极细的裂纹。

③ 漂洗。用清水漂洗去碱液。

④ 剖半去核。用不锈钢水果刀沿果实缝合线将其切成两半，除去果核。

⑤ 干制。有人工干制和自然干制两种方法，干燥率一般为 3 : 1。

a. 人工干制：将原料按大小铺放在晒盘上，放入烘房，初温为 45～55℃，终温为 70～75℃，终点相对湿度 20%，干燥时间 20～36h，中间翻动一次。注意原料不能摊放得过厚。

b. 自然干制：将原料置于晒盘上，放在阳光下暴晒到七成干时（若天气晴朗，一般需 4～5d），将晒盘叠置阴干。对果形大的品种，在暴晒 2～3d 后须翻动一次，以防变质或粘在晒盘上。

⑥ 包装。干燥后的成品，经挑选分级后，装入衬有防潮纸的纸箱中，贮藏

回软 14～18d。

（3）质量标准　干燥适度的李干应果肉柔韧而紧密，用两指捻压果核不滑脱，含水量为 12%～18%，色泽鲜明，不发霉。

2. 话李（福式）

（1）原料配方　李果坯 50kg，白砂糖 10kg，甘草粉 2.5kg，香草油 20g，糖精 100g，安息香酸钠适量。

（2）工艺流程　选料→制坯→漂洗→浸糖→晒制、喷油→包装。

（3）制作方法

① 选料。选用果大、肉厚、核小的品种（如三华李），宜在成熟时采收，也可用未熟坚硬的落果为原料。

② 制坯。原料入清水洗净，放入滚动槽或陶缸中搅动擦皮，然后按 100kg 果子用盐 10～15kg 腌制 15～20d。盐腌可在桶或池子中进行，先放一层果子（约 6cm 厚），后撒一层盐（厚 6mm），依次一层果一层盐装满，最后在上面再撒上一层面盐，腌制 5～7d 以后，果子开始上浮时，可用木板（或竹箩盖）加盖，上加重物压沉。待 15～20d 后可取出暴晒，晒干后即为干坯。腌制时，为了增加制品脆度，100kg 果实可加入明矾 200g 或生石灰 300g。

③ 漂洗。将干坯放入流水缸（缸底装有进水管）或池中（每天换水 2 次）浸泡 1～2d，待除去 80%～90% 盐分后，取出晒至半干。

④ 浸糖。将白砂糖加入清水 25kg 入锅，加热至沸，再加入甘草粉搅拌均匀，然后将李坯倒入锅中，文火煮制约 1h，待李坯吸足糖液、果身发胀时，连同糖液一起离火，倒入木桶之中，再加入糖精及安息香酸钠，待搅拌均匀后，静置浸糖 48h 左右。待果坯吸糖达到饱和程度时，即可捞出，沥去多余糖液。

⑤ 晒制、喷油。将李坯摊放在竹筛上，置于阳光下暴晒。晒至八成干时，将香草油均匀喷洒在果坯上并拌和均匀。

⑥ 包装。话李经包装后即为成品。

（4）产品特点　甜酸适中，甜中带甘，食之爽口来涩，具有清凉感，风味别具一格。

3. 玉黄蜜李片

（1）原料配方　鲜李 100kg，食盐 4～6kg，白糖 40kg。

（2）工艺流程　原料选择→修整→腌渍→漂洗→煮沸→第一次蜜制→第二次蜜制→糖煮→成品。

（3）制作方法

① 选料。选用八成熟的黄皮芙蓉李，剔除病虫果和过熟果。

② 修整。去皮洗净，用刀劈成两瓣。

③ 腌渍。每 100kg 鲜李片加食盐 4～6kg，置于缸中腌渍 7d，使果肉水分渗出。

④ 漂洗。腌渍后的李片倒入清水缸中漂洗，除去咸味，沥水。

⑤ 煮沸。倒入锅中，沸水煮 30min，取出除去苦汁，沥干即成李片坯。

⑥ 蜜制。按每 100kg 鲜李量配白糖 40kg 的比例，分两次蜜制。第一次取总糖量的 50%，即 20kg，放入锅中煮 30min，与同等量的水溶化成糖液。将李片坯投入锅中煮沸 1h 左右，取出放入瓷缸内，分层渗糖。

⑦ 每二次蜜制。将余下的 20kg 糖分层撒完，糖腌 2d。

⑧ 糖煮。连糖液一起煮 1.5h 左右，至汁浓稠将尽时，取出冷却干燥，即成蜜李片。

（4）产品特点　黄皮李加工的成品要求色泽淡棕黄色，有光亮，糖液渗透均匀，呈半透明状，质软，清脆甘甜。用红李加工则成黑色蜜李片，外观不如黄皮李美观。

4. 化核嘉应子

用经过加工的咸李坯为原料，通过浓缩、调制、渗糖、串香加工而成，是蜜饯中的优质产品，在国外市场上很受欢迎。

（1）原料配方　咸李坯 100kg，白砂糖 10kg，甘草 1kg，山柰 300g，公丁香 200g，茴香 150g，安息香酸钠 30g。

（2）工艺流程　浸泡→暴晒→配料→糖煮→蜜制→煎煮→成品。

（3）制作方法

① 浸泡。咸李坯 100kg 加清水 60kg、食盐 2kg 浸泡 8h，使其引出咸味，沥干水分。

② 暴晒。暴晒 12h 后使其浓缩，再置于蒸笼内保持 80℃常压蒸 1h，然后倒出冷却。

③ 配料。按配方先将香料置于锅内沸水中煮 30min，使香味渗出，过滤沉淀，取其清液。

④ 糖煮。将李坯入锅后，按规定糖量的 50%，配同等量的清水及香料液一起放进锅中煮 30min，使糖及香味渗入原料果坯内。

⑤ 蜜制。将果坯取出置于缸内。蜜制分两次进行。第一次取剩余糖量的 50%，放入锅中煮 30min，与等量水溶化成糖液。投入李片煮 1h，取出放入瓷缸内，分层渗糖 2～3d。第二次加入余下白糖，蜜制方法同上。

⑥ 煎煮。蜜制后将李坯连浆糖煮，煮至浓稠糖液将尽时起锅，冷却干燥即成化核嘉应子。

⑦ 包装。用塑料薄膜袋按每包 50g、100g、200g 分别包装，也可再加装饰美观的纸盒包装。

（4）产品特点　成品保持李干的黑褐色，外观纹细优雅，表面光滑，质地柔嫩，气味芬芳，酸甜爽口。

5. 李脯

（1）原料配方　鲜李 100kg，白糖 80kg，石灰 10kg。

（2）制作方法

① 选坯。选八成熟的鲜李。

② 制坯。用刀把李子划成两瓣，去其核，再用"缠针"进行缠眼（剟眼）。

③ 灰浸。将李坯置石灰水中浸一夜。

④ 水漂。将李坯置入清水中漂 2h。

⑤ 濯水。将李坯倒入含 80℃水的锅内，3min 后捞起。

⑥ 水漂。将坯倒入清水中漂 4h 后，换一次水再漂一天。

⑦ 糖渍。将糖水倒入李坯中，渍一晚。次日，将糖水煮沸倒入李坯中，再渍一晚。

⑧ 起货。将李坯与糖水一同加入锅内，中火煮 40min，糖温在 114℃，捞出李坯滤干，上糖衣即可。

蜜饯产品如急于食用，可采用上述一次做成法。若不急于食用，则可起货后不上糖衣，在原糖温的基础上，降温约 4℃，将糖水与半成品置于容器内（可 1 年以上），密封加盖。食用时再起货上糖衣。

时令的蔬菜、瓜果等皆可采用上述原理制作。

二、樱桃的糖制技术与实例

1. 樱桃脯

（1）工艺流程　原料选择→漂洗→预煮→糖渍→糖煮→日晒→包装。

（2）制作方法

① 原料选择。选用成熟适度的新鲜果实。

② 漂洗。摘去果梗，去核，用清水漂洗干净。

③ 预煮。漂洗后在沸水中预煮 4～5min，取出再用清水漂洗至冷却。

④ 糖渍。放入缸内进行糖渍，每 100kg 果实加砂糖 50kg，糖渍 12～24h。

⑤ 糖煮。将樱桃连同糖液一起倒入铝锅，每 100kg 樱桃加砂糖 30～35kg。煮沸后，重新倒入缸内，让其逐渐吸收糖液，经 1～2d 后，再次入锅加热，并酌量再加糖 12～18kg。加热后入缸静置 1～2d，以后再煮一次。经三次加热糖煮后，沥去多余的糖液。

⑥ 日晒。将糖煮后的樱桃均匀地铺在晒床上，在阳光下晒 1～2d 即可干燥。晒时应经常用清洁的湿布擦果实，动作应轻揉，以免果实与晒床粘连。

⑦ 包装。除去形状、色泽不良和破损的果实，用塑料薄膜食品袋按公斤包装。

（3）质量标准　制 100kg 的成品，约需鲜樱桃 300kg。制品呈透明美丽的鲜黄色，手摸不粘，食之甜酸适口。

2. 樱桃酱

如图 4-7 所示。

图 4-7 樱桃酱

（1）原料配方　樱桃 500g，白糖 500g，柠檬酸 3g，冷水 500mL，明矾 5g。

（2）制作方法

① 选择新鲜无腐烂的樱桃，洗净、去核，用组织捣碎机将其捣成泥状（也可用绞肉机和菜刀代替）。

② 将樱桃泥和水倒入锅中，用旺火煮沸后再开锅煮 5min 左右，随后加入白糖和柠檬酸，改用小火煮，并不断搅拌，以避免煳锅而影响果酱质量。

3. 樱桃蜜饯（川式）

（1）原料配方　鲜樱桃 80～90kg，川白糖 45kg，白矾 1.5kg，色素适量。

（2）工艺流程　选料→去核→矾漂→水漂→燎坯→回漂→套色→喂糖→收锅→起货→粉糖→成品。

（3）制作方法

① 选料。选八九成熟的桃红色樱桃（深红色过熟者不宜使用）为坯料。鲜樱桃从下树到制作不得超过 24h，超过 24h 时需拌入白矾水（每 50kg 樱桃用 500g 白矾，白矾配制成白矾水），以防止生虫变质。

② 去核。樱桃选好后，逐粒去核。方法是用针具（将大针弯成三角形固定在竹筷或竹片上即成）从果粒尖部戳入，把果核从蒂部顶出。

③ 矾漂。将白矾研成粉末，溶于清水（白矾与水的比例为 1∶10）。再将去核樱桃置于白矾水中浸泡，时间为 5～7d，期间每天翻动 1～2 次。待樱桃全部

沉底、落红，呈黄白色，用手捏樱桃已略有硬度时即可捞出，入清水池中水漂。

④ 水漂。水漂1～2d，每天换水3次，至水色转清，口尝樱桃无酸涩味，樱桃颜色已经发白时，即可燎坯。

⑤ 燎坯。将果坯置于开水锅中，待水温再次升到沸点，果坯翻转后，即可捞起回漂。

⑥ 回漂。回漂1～2d，期间换水2～4次，至水色转清时，即可套红。

⑦ 套红。有冷套和热套两种方法。冷套是回漂以后随即套红；热套则在回漂以后，再将果坯用开水适当加温，再滤起套红。一般以热套效果较好。套红所用色素应符合国家标准。套红时要搅拌，使果坯浸色均匀。

⑧ 喂糖。将套红后的果坯放入蜜缸，加入103℃的热糖浆（用蛋清水或豆浆水提纯后的精制糖浆）进行喂糖。经24h后，将糖浆舀入锅内，再熬至103℃，糖浆浓度为35°Bé，舀入蜜缸二次喂糖，仍需24h。之后，再加糖浆熬至104℃（35°Bé），舀入蜜缸第三次喂糖，时间仍为24h。

⑨ 收锅。也称煮蜜。将糖浆与果坯一并入锅，用中火煮至109℃（糖浆浓度达40°Bé），手捏樱桃略硬，樱桃体表不皱缩、较饱满时，舀入蜜缸内静置3d以上（蜜制时间可长达1年，时间短了质量不佳）。

⑩ 起货。也称再蜜。先将新鲜糖浆（35°Bé）加热熬至114℃，再下樱桃入锅煮制。待糖浆温度再升至114℃时，即可起入粉盆（上糖衣的设备），待果坯冷却至50～60℃时，即可粉糖（上糖衣）制得成品。

（4）产品特点 呈红玛瑙色，颗粒饱满，有透明感，口味甘甜，有原果风味，深受消费者的喜爱。

三、梅的糖制技术与实例

1. 糖脆梅

如图4-8所示。

图4-8 糖脆梅

糖脆梅是蜜饯类制品，具有甜酸而爽脆的口感和风味，是传统产品，但也有值得改进的地方。例如，可改进工艺和保脆剂的使用，过去用的是稀石灰水，目前用二氯化钙效果更好。

加工工艺如下：

① 原料成熟度。采用 7～8 成熟原料，此时鲜果还未变软。

② 硬化处理。此成熟度梅果口感酸脆，有苦涩味，为了保持其脆度，并要增加透糖速率，可在每个果实表面进行"穿刺"，深度约 1～2mm，生产上可应用机械进行。配制硬化浸液：50kg 水加入 50g 二氯化钙（浓度为 0.1%），再加入 2.5kg 食盐，搅拌溶化即得。把果实浸入溶液内，要浸过面，处理 8～10h，取出用清水冲洗，沥干水分待用。

③ 透糖工艺。50kg 原料用 40kg 白糖配制成 40% 浓度的糖液。在此糖液中加入 0.5～0.75kg 食盐、50g 柠檬酸、50g 苯甲酸钠，此数量以 50kg 糖液计算。然后把糖液煮沸，立即把经硬化处理的梅果倒入糖液中浸泡。第二天把糖液抽出，加热浓缩，但梅果不能直接加热，例如第二天糖液浓度是 22% 要加热浓缩到 27%，然后趁热把梅果加进糖液中，在糖液中浸渍 2～3d，再把糖液抽出加热浓缩，每次加热浓缩在原有浓度基础上提高 5%，一直要把糖液加热浓缩到 60%～65%，在这个浓度之下还要浸渍 2～3d，使梅果内部糖液浓度逐渐与外部糖液浓度相等，这样才算是透糖工艺结束。梅果外形变化先是收缩，后由于吸糖外形逐渐膨胀，这个过程需 3～4 周或更多一点时间。

④ 干燥。把梅果从糖液中捞出，滴干糖液，在 60～65℃ 温度下进行干燥，要求含水量 28%～30%。

2. 奶油话梅（广式）

（1）原料配方　鲜青梅 50kg，白砂糖 2kg，糖精 30g，甘草 1kg，香草香精 40mg。

（2）工艺流程　选料→制坯→漂洗→晒干→浸渍→晒制→包装→成品。

（3）制作方法

① 选料。选肉层厚、果核小、粗纤维少的中国梅果。

② 制坯。将鲜梅果用清水淋湿，然后拌入食盐（加盐量为果重的 20%），腌制 7～10d 后，晒为梅坯。

③ 漂洗。梅坯先在清水中漂洗脱盐，水量应充足，以能没过梅坯为好。浸泡 30min 左右，约脱去盐分 50% 时，将果坯捞出，用清水冲洗，除去梅坯表面附着的盐分，沥干后晒干。

④ 晒干。将梅坯摊放在竹席上，置于阳光下暴晒。开始时，不可多翻动，以免擦破果坯外皮，影响产量及品质。每天晚间堆好覆盖，早晨摊开晾晒，晒干后，用筛清理，除去杂质，装入缸内以备浸渍。

⑤ 浸渍。先将甘草加水煎煮成甘草汁，用纱布滤除杂质；再将糖精、香精及砂糖溶入。等溶化调匀后，加热到80℃左右，倒入盛有梅坯的缸内，并要常常翻动，以助其吸收。等到甘草液全部为梅坯所吸收，料液渗至果核内部即可。

⑥ 晒制。将梅坯摊放在竹箩中，置于阳光下暴晒，晒干后经包装即为成品。

（4）产品特点 甜中带酸，富奶油芳香，果肉食尽后，尚可从果核中吮吸甜香之味。含食一枚，生津止渴，回味无穷，有助茶兴。

3. 蜜青梅（苏式）

蜜青梅又名劈梅，系蜜性青梅制品。

（1）原料配方 鲜青梅75kg，白砂糖40kg，食盐9.5kg，苯甲酸钠适量。

（2）工艺流程 选料→盐渍→切半→漂洗→糖渍→晾晒→包装→成品。

（3）制作方法

① 选料。选用肉质坚韧、颜色青绿的鲜梅果。

② 盐渍。把梅果入缸，分层将9.5kg盐撒入缸内的果实上，腌制3d以后即为咸梅坯，备用。

③ 切半。把梅果用刀沿缝合线对剖两半，除去果核。

④ 漂洗。取咸梅坯用清水浸泡约10h，漂清盐分，取出压滤，去除水分。

⑤ 糖渍。将5kg白砂糖配成浓度为30％的糖液，将梅坯浸入其中蜜渍，经12h左右，然后分批加入剩余白砂糖，经15d以后，连同糖液置于锅中煮沸，随即取出沥去多余糖液。

⑥ 晾晒。将糖渍后的梅坯，摊放在竹屉中，晾晒至梅果表面的糖汁呈黏稠时即可。

⑦ 包装。将制品经包装后即为成品。

（4）产品特点 色鲜肉脆，浓甜中微带鲜果青酸。

4. 脆青梅（苏式）

脆青梅又名月梅，系卤性青梅制品。

（1）原料配方 鲜青梅52.5kg，白砂糖47.5kg，食用色素40g，食盐7.5kg，明矾250g。

（2）工艺流程 选料→盐渍→捅眼→漂洗→染色→糖腌→发酵→再糖腌→包装→成品。

（3）制作方法

① 选料。选择果形大、果核小、色绿质脆、果形整齐的梅果品种，一般以果形肥嫩丰满、果面茸毛已落而且有光泽、种仁虽已形成但未充实的果实为宜。

② 盐渍。取食盐7.5kg、明矾250g，加入清水（用量以能浸没果实为度）配成溶液，然后将梅果浸入，盐渍48h待梅色转黄时为止。

③ 捅眼。将经腌制的梅坯用针刺孔，孔深应达果核，称为捅眼。捅眼后继

续盐渍 3～5d。

④ 漂洗。将腌制好的梅坯倒入明矾液中（浓度为 0.1％）浸漂 20h，期间更换 1 次溶液，并要经常翻动，以将大部分盐分脱去，而果坯略带咸味为宜。

⑤ 染色。将白砂糖 15kg，添加适量色素（用柠檬黄和靛蓝配成绿色），加水溶解调匀，连同梅坯倒入浸渍缸中。

⑥ 糖腌。前期糖腌一般需用 9d。前 2d 静置不动，以后 7d 内，每天加入砂糖 1.5kg，并按时翻动，以使砂糖溶化，渗透一致。

⑦ 发酵。从第 7 天起，梅坯会发生轻微的酒精发酵，利用这种发酵作用，可去除鲜梅的苦味，增加糖分渗透，改进制品风味。但发酵应控制在 24h 之内，以免过分发酵使梅坯软烂。

⑧ 再糖腌。后期糖腌需 10～20d，期间每隔 1d 要加入砂糖 1.5kg，并要注意及时翻动和补充糖液。糖腌至第 40 天时，将剩余砂糖全部加入，使含糖量达 50％浓度，几天以后糖分可增高至 60％，最后达到 65％，即可完成腌制。整个过程费时 2 个月左右。

⑨ 包装。将制品装入经严格消毒的玻璃瓶中，浇入原汁糖卤，旋紧瓶盖，置于阴凉处保存。

5. 陈皮梅（广式）

（1）原料配方　梅坯 50kg，白砂糖 85kg，鲜生姜 1250g，鲜橘皮 8.5kg，柠檬皮 5kg，五香粉 250g，丁香粉 13g，甘草粉 1.5kg，橘皮酱、柠檬酱适量。

（2）工艺流程　梅坯→浸漂→糖渍→煮制→拌粉→烘干→包装→成品。

（3）制作方法

① 浸漂。将梅坯倒入清水中浸漂 48h，以脱去部分盐分，然后再用清水洗去梅坯表面盐分，沥干备用。

② 糖渍。将鲜生姜剁烂成泥，再按 1kg 梅坯、1kg 白砂糖的比例连同橘皮酱、柠檬酱及生姜泥拌和均匀，入缸糖渍 7d 左右。

橘皮酱、柠檬酱制法：采用贮藏 1 年以上的柑橘皮与柠檬皮，先加水煮沸 15～20min，然后用清水漂洗直到无苦味为止；沥干后，倒入打浆机打成浆（或用磨磨成浆），然后按一份浆两份糖的比例煮成橘皮酱或柠檬酱。

③ 煮制、拌粉。将糖渍的梅坯及酱汁一同下锅煎煮，同时加入余下的白砂糖，煎煮至糖液浓度为 75％以上，梅坯渗透酱液时，再加入甘草粉、丁香粉和五香粉拌和均匀。

④ 烘干。制成的梅坯经冷却烘干后即为成品。

（4）产品特点　香气馥郁，酸甜味浓，开胃生津，风味独特，是广式蜜饯中的佳品。

6. 佛手梅（苏式）

佛手梅又名手梅，系干青梅制品。

（1）原料配方　鲜青梅110kg，白砂糖45kg，食盐4kg，明矾250g，绿色食用色素适量。

（2）工艺流程　选料→盐渍→雕划→除核→漂洗→染色→糖渍→煮制→晒制→包装→成品。

（3）制作方法

① 选料。梅果在未黄时采摘，果实上的茸毛经脱落呈现光泽时，为采摘的适期。一般选用新鲜小青梅为原料。

② 盐渍。将梅果入缸用清水浸湿。然后取出盐渍，制成咸坯。每50kg梅果约需食盐4kg、明矾250g。盐渍时，先将食盐与明矾充分混合，然后按一层梅果一层食盐装入缸中，下层少放些，上层要多放些，入缸3d之后即成为咸坯。

③ 雕划。将盐渍后的咸坯用利刀在梅果蒂部雕划30刀左右，并用去核刀除核，使果肉呈纤细手指状。若不经雕划工序，则称为甜青梅干。

④ 漂洗。将加工好的梅坯浸入清水，浸泡12h左右，漂清盐分，捞出沥去浮水。

⑤ 染色。将5kg白砂糖配成浓度为30％的糖液并加入适量的绿色食用色素，调均匀。将梅坯浸入糖液染色，经12h左右取出糖渍。

⑥ 糖渍。将梅坯加入白砂糖糖渍，白砂糖分几次加入，共加约40kg，待白砂糖全部溶化后，糖渍15d左右。一次糖渍后贮存于浓度60％的糖液中，则称为雨梅。

⑦ 煮制。将梅坯连同糖液一起倒入煮锅，加热煮沸后，随即捞出，摊晾于竹匾上。

⑧ 晒制。待梅坯冷却后，放在阳光下进行晒制1d（不宜烘烤，否则成品色泽暗而不鲜），经密封包装后即为成品。

（4）产品特点　造型美观，色泽青翠，质地脆嫩，清甜鲜口。

7. 香草话梅（苏式）

（1）原料配方　鲜梅果250kg，甘草2kg，白砂糖3kg，糖精180g，香草油20mL，食盐45kg。

（2）工艺流程　选料→盐渍→漂洗→晒制→浸渍→拌料→晒坯→喷油→包装→成品。

（3）制作方法

① 选料。选择成熟度为8～9成的新鲜果实，剔除枝叶及霉烂果实。

② 盐渍。每250kg鲜梅果加入食盐45kg，一层梅果一层盐入缸盐渍，约需25d，期间倒缸数次，以使盐分渗透均匀。

③ 漂洗。咸梅坯放入清水浸泡漂洗，待盐分脱去50％左右，即可捞出，再用清水冲净。

④ 晒制。将经过漂洗的梅坯均匀铺在晒场上，在阳光下暴晒，料层不宜太厚；刚晒时不宜翻动，以免碰伤外皮，影响产品外形美观；每天早晨摊开晾晒，日落即可收回堆放。待完全干燥后，用筛子筛去杂物，入缸备用。

⑤ 浸渍。将甘草捣碎成渣，入锅煎煮。所得"头水"放在一旁备用，再煎得"二水"倒入梅坯中，盖盖闷2h左右即可捞出。

⑥ 拌料、晒坯。将捞出的梅坯沥去余水，摊放在竹屉中，然后将头次所得甘草水加入白砂糖和糖精，溶化均匀，与梅坯拌和均匀。再将梅坯置于阳光下暴晒至干燥。

⑦ 喷油。待梅坯晒至将干时，把香草油喷洒在梅坯上即可。

⑧ 包装。将话梅分装于塑料薄膜食品袋即为成品。

（4）产品特点　色泽鲜艳，味酸甜可口，芳香扑鼻，入口后能止渴生津。特别是在夏季炎暑时，食用此品更觉清爽适口，一般孕妇尤喜食用。

四、橄榄的糖制技术与实例

青榄（图4-9）肉质不厚，组织紧密，皮层带蜡，汁少，味苦涩带甘，富含单宁成分。鲜果不便脱除苦涩味，故不能以鲜果直接糖渍，制成盐坯后，可以制成多种风味优良的糖渍品。

图4-9　青榄

1. 化皮榄

本品以鲜榄为原料临时加盐将苦涩汁液除去，然后进行糖渍，是用鲜榄脱苦加工糖渍的一例。本品因同时除去蜡质果皮，故称"化皮榄"。

加工工艺如下：

① 原料鲜榄处理。鲜榄50kg，用5％浓度的氢氧化钠溶液浸碱去皮后立即

投入大量清水中浸泡。随后移入容器中，加粗盐约 25kg，不断搅拌 20~30min，一面擦去浮皮，一面使榄汁渗出。然后用多量清水漂净，加入高压糖煮罐中，加清水盖过榄，以 147kPa 蒸气压蒸煮 15min，以破坏紧密的果肉组织。移出，沥干水分，准备糖渍。

② 糖渍。以白砂糖加水配成 50％浓度的糖液 50kg，加入榄坯煮沸到 108℃，停止加热。连同糖液果坯浸渍 1d。次日，连同糖液及果坯补加麦芽糖浆 8kg、脱苦陈皮粉末 0.5kg、苯甲酸钠 50g。加热煮沸到 118℃，停止加热。把榄连同糖液趁热移出，放置浸渍 3d。移出果粒，进行下一工序。

③ 烫漂烘制。把果粒用沸水烫漂 1~2s，洗去表面糖液。随即入烘干机以 60℃烘到表面无黏性为止，含水量不超过 18％。

④ 成品包装。以聚乙烯袋做 50g、100g、200g 定量散粒密封包装。或用玻璃纸做单粒紧密包裹，然后做定量密封袋包装。

2. 无核榄

榄核尖锐，作为儿童食品不够安全。本品以除核后果肉进行糖渍，可以克服此缺点。

加工工艺如下：

① 榄坯处理。把干榄盐坯 50kg 加多量清水，入加压糖煮锅以 147kPa 蒸气压蒸煮 10min，移出，放冷。用人工以小刀纵剖一裂痕，即可除去果核。然后沥干水分备用。

② 糖煮浸渍。用白砂糖 40kg 加甘草粉 1kg、桂皮粉 30g、糖精 20g，加水配成浓度为 60％的糖液。加入榄坯，一直煮到糖液将干为止，移出烘制。

③ 烘制。把榄肉带糖液烘干到含水量不超过 8％为止。

④ 成品包装。以透明聚乙烯袋做散粒定量密封包装。以 50g 小袋为单位进行塑料盒包装，以方便携带取食。

3. 生津榄

本品以甘、酸、醇为主。一榄入口，止渴生津，故名"生津榄"，别具风味。

加工工艺如下：

① 原料处理。干榄盐坯 50kg，浸水 4h，移出，沥去水分。加入斜筒式翻拌机中，加 4kg 粗盐，以 50r/min 滚动翻拌，使擦去部分榄皮，约经 10~15min，移出，用清水洗净。

② 果坯浸酸。清水 20kg 加柠檬酸 0.5kg、精盐 0.4kg、糖精 40g 调均匀，加入榄坯，浸渍翻拌吸收 2d。

③ 果坯浸糖。白砂糖 25kg 加清水 3kg，加上述榄坯及酸汁一同拌和，浸坯吸附 3d，每天翻拌 3 次。再加糖 15kg，再翻拌浸渍 5d，每日翻拌 3 次。

④ 烘制。移出榄坯，入烘干机以 60℃烘到含水量不超过 8％，冷却后包装。

⑤ 成品包装。以 50g 小袋为单位密封包装，再用聚乙烯层制袋或塑料盒包装。

4. 良友橄榄

(1) 原料配方（产品 100kg） 鲜橄榄 120～140kg，白糖 62～64kg，明矾 0.5kg，硫黄 200g，烧碱 1.5～2kg。

(2) 工艺流程 选果（果实长 25～40mm，直径 20mm，无伤）→烫烧碱（烫蜡，用 20°Bé 以上碱水，烧开放入橄榄，烫 1min）→弃皮（放入离心机里弃皮）→漂水（流动水，3～4h，最终至 pH 值为 7）→腌盐水（5～7d，去苦味）→去蒂（用玻璃或不锈钢制工具）→漂水（24h，去盐）→熏硫（2h）→浸糖水（第一次 30～32°Bé，2d；第二次 26～28°Bé，3～5d；第三次 30～32°Bé，3～5d；第四次 32～34°Bé，3～5d）→成品（捞出放入大缸中，再用 36°Bé 糖水浸渍，贮藏半个月）→交库→浸糖水。

(3) 感官指标

① 色泽：淡黄绿色或浅绿色，有光泽，半透明。

② 形态：椭圆形，去皮，裹糖液，长 25～30mm，直径 20mm 以上。

③ 组织：吸糖透心，果肉爽脆，能脱核，无明显粗纤维感。

④ 滋味：清香，有本品风味，无异味。

⑤ 理化指标：总糖 61%～67%，还原糖 25%～41%，总酸 0.1%～0.4%，食盐 0.7% 以下，水分 26%～31%

⑥ 微生物指标：无致病菌及因微生物引起的发酵、发酸、霉变等现象。

⑦ 保质期：从交库日算起，浸糖 1 年，不浸糖 4 个月。

5. 桂花橄榄 (福式)

(1) 原料配方 橄榄咸坯 50kg，红糖 20kg，甘草 250g，茴香 250g，薄桂 500g，糖精 150g，五香粉 1.5kg，食用色素适量。

(2) 工艺流程 选料→漂洗→晒干→配料液→浸液→晒制→拌粉→包装→成品。

(3) 制作方法

① 选料。将橄榄坯经挑选后，入清水浸泡约 12h，脱去咸苦味，晾干后备用。

② 配料液。将甘草、薄桂皮、茴香放入锅中，加入清水，用文火煎煮 1h 左右，所得料液用纱布过滤，去除料渣，加入红糖 10kg，煮沸溶化，再加入适量食用色素搅拌均匀，置于缸内。

③ 浸渍。将处理好的橄榄坯倒入缸内，浸渍 2d 后滤出料液，将料液再加入红糖 10kg，入锅内煮沸 30min 左右，待料液浓缩后，重置缸内，然后加入糖精（为了防止制品腐坏，可加入安息香酸钠 100g），待溶后，倒进橄榄坯，充分搅

拌均匀，继续浸渍 3d 左右即可捞出。

④ 晒制。将捞出的橄榄坯沥去多余糖液，摊铺在竹席上晒至八成干时，撒上五香粉拌匀，即为气味芬芳的产品。

⑤ 包装。用印有花色的糖果纸进行小包装后，分别装入塑料食品袋或纸盒中即为成品。

（4）产品特点　质地微脆，皮纹细致，味香甜可口。

6. 十香果（福式）

（1）原料配方　橄榄咸坯 35kg，白砂糖 22.5kg，甘草粉 1.3kg，五香粉 50g。

（2）工艺流程　选料→擦皮→腌制→捶裂→漂洗→糖渍→煮制→第二次糖渍→第二次煮制→第三次糖渍→第三次煮制→烘干→拌粉→再烘干→成品。

（3）制作方法

① 选料。选用新鲜、个匀、中型橄榄为宜。

② 腌制。将新鲜橄榄加入食盐，经搓擦后去掉果皮。然后浸入 12%～15% 浓度的盐液中（按 1% 的比例溶入食盐和明矾粉）进行腌制，时间约为 1～2d。

③ 捶裂。将橄榄坯捞出，沥去盐液，逐个轻敲，使之微裂。

④ 漂洗。将橄榄坯浸在清水中漂洗干净，去除咸味。

⑤ 糖渍。取白砂糖 15kg，加入清水 15kg 加热煮沸；然后将漂洗干净的橄榄坯放入，糖渍 24h 左右。

⑥ 煮制。将橄榄坯连同糖液倒入煮锅，用文火煮沸 20～30min。煮制时，要不断加以拌和，使果坯吸糖均匀。

⑦ 第二次糖渍。将煮制的橄榄坯捞入铺有 2.5kg 白砂糖的缸内；另外再取白砂糖 2.5kg 加入锅中糖液内，加热溶化，然后倒入缸中继续糖渍，待果坯吸糖胀至七成左右时，即可再行煮制。

⑧ 第二次煮制。将橄榄坯连同糖液一并倒入煮锅，加热煮沸。再将余下的 2.5kg 白砂糖均匀地撒在锅内，用文火煮沸 10min 左右，即可端锅离火。

⑨ 第三次糖渍。将橄榄坯连同糖液再一次倒入缸中进行糖渍，直至果坯吸糖胀足，果形如初时即可停止。

⑩ 第三次煮制。要用文火加热，煮至糖液浓度达到 70% 左右时，即可将果坯捞出。

⑪ 烘干、拌粉、再烘干。将果坯捞出，沥净多余糖液，入烘房烘至八九成干时，取出，加入甘草粉和五香粉充分拌和均匀，再入烘房，烘至果皮表面发亮时即为成品。

（4）产品特点　色泽光亮，形状整齐，味甜多香，风味别致。

7. 玫瑰果（苏式）

（1）原料配方 橄榄坯 50kg，红糖 60kg，咸玫瑰花 1kg，食用色素适量。

（2）工艺流程 选料→敲裂→漂洗→烫漂→糖渍→煮制→再糖渍→再煮制→拌玫瑰花→冷却→包装→成品。

（3）制作方法

① 选料。选用中只、细皮、厚肉、黄色的橄榄坯。先将果坯轻轻敲至微裂，以便于糖液渗入。

② 漂洗。将橄榄坯用清水浸泡 12h 左右，以脱去盐分，去除咸味。

③ 烫漂。将果坯捞出沥去盐水，再放入沸水锅中煮 30min 左右，使果肉回软，并除去杂味，然后再放入清水中冲洗干净。

④ 糖渍。将煮后的橄榄坯先用浓度为 20% 的红糖液 50kg 浸渍 12h 后起出，再用浓度为 40% 的红糖液继续浸渍 12h，最后再加红糖 25kg，拌和均匀，糖渍 24h 左右。待果肉胀发至九成，即可入锅煮制。

⑤ 煮制。将果坯连同糖液倒入锅中，加热煮沸。煮后再加入红糖 10kg，并加入食用色素适量。一同倒入缸中，糖渍 12h 左右，至果肉充分胀发，再次入锅煮制，并加入剩下的红糖。煮制时，火力不可太强，并不断地加以铲拌，煮至糖液浓缩能拉成丝，成坯表面起光亮时，均匀地拌入挤干切细的咸玫瑰花瓣即成。

⑥ 包装。将果坯倒出，经冷却后进行包装即为成品。

（4）产品特点 色泽鲜艳，浓甜中带有玫瑰清香，美味可口。

五、芒果的糖制技术与实例

芒果作为糖渍品原料，以未熟的落果为主。对成熟果只能利用果汁，若作糖渍原料颇不经济。非特殊情况，不利用正品作糖渍原料。

芒果的栽培特性是坐果率高，落果率也高，从受精开始，在发育过程中，从小到大，均有落果。成熟果在将达呼吸高峰时即到落果期，所以很少在树上成熟及过熟。因而落果的加工成为必然，以便挽回损失。

芒果的未熟果极酸，只能制成盐坯然后进行糖渍。盐坯干品的组织类似青榄盐坯组织，所以其盐坯糖渍品也有与青榄糖渍品相似之处，但以酸味为其突出特点，此与青榄稍有不同，糖渍工艺也稍异。以成熟果进行糖渍，其芳香成分不能保留，是一缺点。

1. 话芒

利用与话梅相似的糖渍工艺来处理芒果的落果盐坯，所制得的成品风味类似话梅，因而称为话芒。分为带核品及无核品两种。口感比话梅粗硬，与青榄盐坯制品相似。留口时间比话梅稍久，故仍为消费者所欢迎。

话芒的糖渍工艺有两种，分别介绍如下：

（1）话芒糖渍法之一

① 原料处理。芒果盐坯 50kg，以多量清水浸泡 8h，移出，沥去水分。入烘干机以 60℃烘到半干，移出，准备浸料。

② 浸料液制备。甘草 1.5kg 加水 18kg，加热浓缩成 12kg，过滤取汁。加糖精 400g、白砂糖 2.5kg、肉桂粉 100g、丁香粉 50g、柠檬酸 100g、精盐 300g，混合调和成浸料液。

③ 果坯浸料。把浸料液加热到 80℃后加入果坯中，反复翻拌到果坯吸收完浸料液为止，即进行烘干。

④ 烘干。入烘干机以 60℃烘到果坯的含水量不超过 5%。

⑤ 成品包装。以聚乙烯透明层制纸袋做定量密封包装，装量为 50g、100g、200g，再以纸盒加商标纸包装。

（2）话芒糖渍法之二

① 原料处理。芒果盐坯的浸泡、烘干处理同上。

② 浸料处理。每 10kg 芒果坯先用白砂糖 2kg 加清水 2kg、甘草 0.5kg，煮沸 30min，取甘草汁趁热加入芒果坯浸渍 12h，移出，以 55℃烘到半干。

再取砂糖 1kg 加清水 2kg，加甘草粉 0.5kg，共煮 30min，趁热加糖精 30g，精盐 100g，丁香粉 50g，柠檬酸 50g，混合均匀。再浸入芒果坯浸渍 12h 后，入烘干机以 55℃烘干，要求含水量不超过 5%。

③ 成品包装。同上述方法一。

2. 寻味芒片

本品以无核芒果盐坯片经十种香料糖渍而成，因风味复杂，耐人寻味，故称寻味芒片。

加工工艺如下：

① 原料处理。选用大、中形芒果盐坯的除核坯片，浸水 2h 变软后，沥干水分，分切成 2cm×2cm 大小的片状，晾到大半干时准备浸料。

② 浸料配比。芒坯片 40kg，砂糖 5kg，甘草粉 2.5kg，糖精 200g，精盐 300g，柠檬酸 100g，丁香粉 30g，芥末 30g，干姜粉 20g，花椒粉 10g，肉桂粉 30g，姜黄粉 20g，甘松粉 10g，白芷粉 10g，山茶粉 20g，沉香粉 10g。

③ 浸液调配。用甘草粉 1.5kg，加水 10kg、砂糖 5kg，再与各种香料、糖精、柠檬酸、精盐一同调配成甘草香料糖液。

④ 浸渍吸附。把果坯片加入甘草香料液中充分拌和放置 24h，移出果坯片，入烘干机以 60℃烘干表面后，再拌甘草香料液，再烘干表面，反复进行 3～4 次后，移出，拌入剩余的甘草粉，再烘干到含水量不超过 12%。放凉后包装。

⑤ 成品包装。同话芒。

3. 低糖芒果条

① 原料挑选。选用未成熟、无腐烂、无病虫害、质地较硬的芒果为原料。

② 清洗。用清水洗去芒果表面的泥沙、流胶等杂物。

③ 去皮。用不锈钢刀去果皮，要求用力均匀，去皮后的芒果要求圆整、表面光滑。

④ 切条。将去皮的芒果切成长 5～6cm、宽 0.5cm 左右的长条，要求长短粗细均匀。

⑤ 护色。用含 2% 氯化钠及 0.1% 亚硫酸氢钠的混合液作护色液，切成的果条立即投入其中浸泡。

⑥ 硬化。硬化液配比为 0.1% 的柠檬酸、1% 的氯化钙及柠檬黄适量。浸渍时间为 8～10h。

⑦ 调味。以糖、酸、香精等混合配制成调味液。调酸最好用冰醋酸或醋精。根据果实成熟度的不同，应适当改变糖酸比例。

⑧ 无菌装罐。选用容量为 3kg 的无菌塑料桶，装入 1.5kg 芒果条，1.5kg 保鲜液。保鲜液要求 pH 值为 3.5 左右，苯甲酸含量为 0.1%。

⑨ 无菌封口。加塑料盖密封后贴上标签，再经紫外线照射后即可。

此产品要求外观为黄色，质脆，甜酸可口，保质期为 3 个月，保存期为 6 个月。

4. 甘草芒果

如图 4-10 所示。

图 4-10　甘草芒果

（1）原料配方　芒果坯 50kg，白砂糖 15kg，甘草 2.5kg，丁香粉 110g，糖精 55g，黄色食用色素适量，石灰水适量。

（2）工艺流程　选料→清洗→去皮→去核→灰漂→水漂→晾晒→浸渍→晒制→包装→成品。

（3）制作方法

① 选料。选用成熟度适宜、色泽淡黄、肉层厚的鲜果为原料。

② 清洗、去皮。将芒果用清水淋洗或浸洗干净，用果刀削去外皮并将果实表面修削光滑，去核，然后纵切成 2～4 片。

③ 灰漂、水漂。果坯要立即浸入浓度为 0.5% 的石灰水中进行护色，约浸 8～12min，然后入清水中漂洗干净，直至无石灰味。

④ 晾晒。捞出果坯，沥去浮水，摊放在竹席上晾晒至干。

⑤ 浸渍。将甘草加入清水中，入锅煎煮成甘草汁，再把白砂糖、糖精、香料、色素等辅料溶入，趁热倒入装有果坯的缸内进行浸渍。期间可将果坯捞出，浓缩料液，再行浸渍。如此反复数次，至果坯充分吸收料液，料汁将尽时即可捞出。

⑥ 晒制。把果坯摊放在竹箩中，置于阳光下暴晒，晒时可将剩余料液喷洒在果坯上。晒至果坯呈现光泽手摸不粘时即成。

⑦ 包装。将制品密封包装即为成品，要注意防潮保存。

（4）产品特点　甜酸适口，细嚼回味有芒果的特殊香味。

第五章　浆果类果实的糖制技术与实例

05 Chapter

第一节　草本浆果类果实的糖制技术与实例

一、草莓的糖制技术与实例

在水果中，草莓最不耐贮藏，短时间就会发生变色腐烂。因此，发展草莓加工技术就成为了草莓增值的一个主要途径。

1. 草莓酱

如图 5-1 所示。

图 5-1　草莓酱

（1）工艺流程　原料选择→浸泡清洗→去除果蒂→挑选→配料→软化→浓缩→装罐→密封→杀菌→冷却→成品。

（2）制作方法

① 原料选择。原料可选用果胶和果酸含量较高的品种，要求成熟度在九成熟或偏上；

果实新鲜，着色均匀，果肉软，口味酸，容易除萼，可溶性固形物含量在8%左右。要剔除过熟及腐烂果实。

② 清洗去蒂。将选好的果实轻轻倒入流动水槽内浸洗 3～5min。目前我国草莓果实大都生长在土地上，沾泥沙较多，受微生物污染较重，所以浸泡清洗是很重要的工序。浸洗时将上面漂浮的萼片及杂质去除，摘掉果蒂。浸泡时间不可过长，以免果实汁液颜色流失，水要保持清洁。

把清洗过的草莓过秤装入盆或桶内，每个容器装果 20～30kg。为防止果实氧化变色，在果面上加一层果重 10% 的白砂糖。容器内果实常温放置不超过24h，在 0℃ 冷库中暂时存放不得超过 3d。

③ 配料。草莓酱分为高糖和低糖两种。高糖草莓酱的配方：草莓 100kg，白砂糖 120kg，柠檬酸 300g，山梨酸 75g；低糖草莓酱的配方：草莓 100kg，白砂糖 70kg，柠檬酸 800g，山梨酸少量。柠檬酸的用量根据草莓含酸量适当调整。白砂糖在使用前配成浓度为 75% 的糖液。柠檬酸和山梨酸在使用前用少量水溶解。

④ 软化、浓缩。软化时先将夹层锅洗净，放入总糖液量 1/3 的糖液，同时倒入草莓，快速升温，软化 10min，再分 2 次加入剩余的糖液。沸腾后可控制压力在 98～196kPa，同时不断搅拌，使上下层软化均匀，待可溶性固形物在 60% 以上时，加入用水溶化的柠檬酸和山梨酸，继续加热并不断搅拌，至可溶性固形物含量达 66%～67% 时即可。

⑤ 装罐及杀菌。空瓶消毒后，及时装入 85℃ 以上的果酱至瓶口适当位置。装罐后盖上用酒精消毒过的瓶盖，拧紧或用封盖机封罐。检查后在 95℃ 的水中杀菌5～10min，然后用喷淋水冷却至瓶中心温度 50℃ 以下，经检验合格即为成品。

（3）质量要求　果酱色泽为红褐色，均匀一致，具有良好的草莓风味，无焦煳味及其他异味；果实去净果梗和萼片，煮制良好，保持部分果块，呈胶黏状，但不得分泌液汁，不存在杂质。总糖量不低于 57%，可溶性固形物不低于 65%；重金属铜含量小于或等于 10mg/kg，铅含量小于或等于 2mg/kg。

2. 草莓蜜饯

如图 5-2 所示。

（1）工艺流程　原料选择→除果梗萼片→漂洗→护色硬化处理→漂洗→糖液煮制→糖渍→装罐→排气封罐→杀菌冷却→成品。

（2）制作方法

① 原料选择。选择色泽深红、香气浓郁、果肉质地致密、硬度大、果形完

图 5-2　草莓蜜饯

整、有韧性、汁液较少、耐煮制的品种，果实八九成熟，大小均匀。剔除未熟果、过熟果及病虫害果。

② 护色硬化处理。为增强草莓果实的耐煮性，减少色素的损失，提高维生素 C 的保存率，加快渗糖速率，在果实糖煮前，可采用以下方法进行护色及硬化处理。

第一种方法：将清洗的果实放在 0.1％～0.7％浓度的钙盐和亚硫酸盐溶液中浸泡。浸泡时间的长短依品种和成熟度而异，浸泡时间过长，果肉粗糙，口感差；浸泡时间短，起不到硬化和护色作用。一般浸泡 5～8h。

第二种方法：采用抽气处理，将清洗的果实放在一定浓度的稀糖液中，在抽气真空度 84659～90659Pa（650～680mmHg）条件下，抽空 20～30min，温度保持在 40～50℃之间，使果实中的空气排出，加速渗糖，从而使果肉饱满、透明。

③ 漂洗。硬化处理后的果实必须进行漂洗，以除去果实中钙盐和亚硫酸盐等物质，以流动自来水漂洗至水清即可。

④ 糖渍、糖煮。漂洗后将果实置于一定浓度的稀糖液中浸渍 10～12h，将果实捞出，加热提高糖浓度，并加入适量柠檬酸调整酸碱度，然后将果实再倒入糖液中浸渍 18～24h，如此反复 2 次，最后连同果实和糖液再加热煮制。待汁液可溶性固形物达 65％时，将果实捞出，糖液过滤备用。

⑤ 装罐密封、杀菌冷却。将果实装入经消毒的罐内，注入过滤后的热糖液。装罐后加热排气，至罐中心温度达 70～80℃，保持 5～10min，立即密封。密封罐在沸水浴中煮 12～20min，然后用 60℃、40℃温水分段冷却。经过保温处理检验合格即为成品。

（3）质量要求　产品总糖量应在 45％以上，可溶性固形物不低于净重的 55％～66％，二氧化硫残留量在 0.006g/kg 以下，不含铜、铅、砷等离子，感官指标和卫生指标达到国家规定的标准。

3. 草莓脯

如图 5-3 所示。

图 5-3　草莓脯

（1）工艺流程　原料选择→除果梗萼片→清洗→护色硬化处理→漂洗→糖渍→糖煮→烘烤→整形→包装。

（2）制作方法

前几项操作步骤与草莓蜜饯制作相同。

① 糖渍、糖煮。与草莓蜜饯一样经过两次糖渍、糖煮，当加糖煮制到可溶性固形物含量达到 65％ 以上时，再浸渍 18～24h，将果实捞出，沥干备用。

② 烘烤。将果实放在 55～60℃ 温度条件下烘烤至不粘手。如烘烤温度过高，果脯质地变硬；如烘烤温度过低，时间延长，影响果脯色泽。

③ 整形。将烘烤好的果脯，整成扁圆锥形，按大小色泽分级包装。

（3）质量要求　果为紫红色、暗红色，具光泽，大小均匀，不粘手，不返砂，质地饱满有韧性，具有草莓风味，甜酸适度。总糖量为 60％～70％，水分含量 18％～20％，二氧化硫残留量小于或等于 0.004g/kg。

二、香蕉的糖制技术与实例

香蕉除作干制品及果酱之外，很少制成其他的糖渍制品，这是由香蕉的糖渍工艺特性所限制的。未成熟香蕉因富含淀粉及单宁，味极涩，不能食用，也不能制成盐坯类的糖渍半成品。到成熟后，果肉又呈黏胶状，浆汁不能分离，加水煮即变软烂。果肉稍过熟即呈胶烂状态。但依据其组织品质特性，仍可制成多种糖渍品。

1. 夹心蕉片

本品为香蕉的浆肉经配合糖渍后，再加牛奶夹心制成的片粒状制品，具有香蕉与牛奶的复合特有风味。

加工工艺如下：

① 原料处理。选取果色已全转黄，果肉尚未软化，富含香蕉特有芳香味的完好香蕉。剥皮后，入打浆机打成浆状。

② 配料煮制。每 30kg 香蕉浆加白砂糖 40kg。入糖煮锅缓缓加热，不断搅拌。当沸点达到 106℃时，加入淀粉糊浆（称取 5kg 淀粉加水 15kg，混合后一面搅拌，一面加入煮沸的加糖果浆中），迅速搅拌均匀。一直搅拌到用板取样滴在磁板上结成软粒为止，停止加热，准备压片。

③ 压片。把上项浆块移至涂有猪油薄层的平台上。用涂油压辊滚压成 0.3cm 的薄层，冷后即结成稍微带软韧的片状。

④ 涂片夹心。取 10kg 白砂糖粉加 200g 全脂奶粉，用鲜蛋白调成浓浆，涂在果片表面一薄层，再用另一果片粘贴压紧，即进行烘制。

⑤ 烘制。把涂好的夹心片入烘干机以 55℃补烘到夹心全干为止。移出放冷，准备切片。

⑥ 切片成型及包装。把夹心片分切成 2cm×2cm 的方片。用玻璃纸单粒包裹，再用聚乙烯层制纸袋做定量密封包装。含水量不超过 14％。

2. 鲜味蕉粒

成熟的香蕉果肉，其 pH 值为 5.5～6，缺乏鲜美的适当糖酸比的风味，为弥补此缺点，以香蕉干果肉作为果基，以富含酸味的杨桃为附加风味，互相配合，使制品具有香蕉风味的同时又带有杨桃的甜酸风味，其风味鲜美，称为鲜味蕉粒。

加工工艺如下：

① 原料处理。先把刚成熟的香蕉制成香蕉干。作为香蕉干制品的原料，香蕉成熟度以八至九成为宜。成熟度不够的香蕉富含单宁，尤其是果心部分，含单宁特多。制成干制品的成品变色程度，与单宁成分含量多少，以及熏硫时间长短有密切关系。以成熟度适宜，熏硫时间较长为宜。

香蕉处理：剥皮后，以不锈钢刀片剖成长条状片约 2～3 片，随即入熏硫室熏硫 30min。然后送入烘干机，最初以 55℃烘制，渐次升温到 70℃，烘制中随时翻拌。最后以烘到含水量不超过 10％为止。冷却后，把每条蕉干切成 2cm 小段，准备配料。

杨桃处理：把果色已变全黄的成熟杨桃充分洗净后，切碎，入打浆机打成细浆，过筛除种子及粗渣。青色未熟果须用乙烯利催熟后方能采用。每 50kg 浆汁加热蒸发浓缩成 20kg 浓浆汁，加白砂糖 20kg，再加热煮沸，随即加入香蕉粒进行配合。

② 桃蕉配合。每 25kg 蕉粒配合杨桃酱 35kg，趁杨桃酱煮沸时将蕉粒加入搅拌均匀，煮至呈不流动的结团状为止，停止加热，冷却后包装。含水量不超过 20％。

③ 成品包装。用小匙取带杨桃酱的蕉粒用玻璃纸包裹成粒状做单粒包装，外用商标纸包裹，再用聚乙烯层制纸做定量密封包装。

3. 香蕉干

如图 5-4 所示。

图 5-4　香蕉干

为了使北方的人们能吃到南方的水果，除需要采用一套科学的贮、运措施之外，还可以在产地或产地附近把已成熟的无法再继续贮藏或运输的香蕉加工成香蕉干，这不但能减少由于腐烂而造成的经济损失，还能调剂市场，增加收入。

本品以广西栽培主要香蕉品种——那龙蕉为原料，采取热风干燥加工法。

（1）制作方法

① 原料选择。选取食用成熟度的香蕉（即果皮黄色，果肉变软，有浓厚甜味和芳香味的香蕉）。

② 去皮。人工去皮。

③ 切分。把果肉纵切为两半，小个香蕉可不用切分。

④ 熏硫。在密闭熏硫室内用硫黄熏蒸 20～30min，每 100kg 原料用硫黄 2kg。

⑤ 烘烤。用热风干燥，在 65～70℃下干燥 18～20h，使成品含水量达 16%～17%为宜。

⑥ 回软。成品在室温下覆盖放置24h。

⑦ 包装。用聚乙烯薄膜袋密封。

⑧ 贮藏。于室温下贮藏半年以上可保持色、香、味不变。

（2）保色措施　为了抑制制品在干燥与贮藏过程中产生褐变，保持产品原有的金黄色，可在烘烤前对原料进行预处理。方法有：

① 熏硫。把原料送入熏硫室内熏蒸，熏硫时间分别是 15min、20min、45min、60min，所用硫黄是化学纯试剂。

② 3%亚硫酸。浸 5min 和 10min。

③ 1%CaCl₂。浸 5min。

4. 香蕉酱

（1）原料配方　香蕉 500g，柠檬酸 4g，明胶 6g，白糖 500g，香蕉香精 3 滴，冷水 500mL。

（2）制作方法

① 香蕉去皮，用组织捣碎机捣烂成泥状（也可用其他工具将其捣碎）。

② 将捣碎的香蕉和清水倒入锅中，用旺火煮沸后继续煮约 10min。然后加入白糖、柠檬酸，改用小火煮，并不断搅拌。

③ 待小火煮约 15min，用少许清水浸泡明胶，并加热使其充分溶化，再将明胶放入锅内，用力搅拌，继续煮 10min 左右，即可关火。同时加入香精，搅拌均匀。

④ 将果酱装入干净容器中，加盖，在阴凉通风处存放。若在果酱表面撒上一层白糖，可延长保存时间。

（3）产品特点　营养价值高。含糖为 20%，果糖和葡萄糖的比例为 1∶1，是治疗脂肪痢的理想食品。香蕉酱还具有润肺、滑肠、解酒毒、降血压等功效，是春、夏两季最宜食用的佐餐食品。

第二节　木本浆果类果实的糖制技术与实例

一、葡萄的糖制技术与实例

1. 新疆绿葡萄干

新疆无核白绿葡萄干又名新疆绿葡萄干，由号称水果世界"绿珍珠"的新疆无核白葡萄干制而成，是新疆的主要传统特产之一。

新疆维吾尔自治区是我国唯一的绿葡萄干产地。据考证新疆栽培无核白葡萄已 1000 多年。新疆吐鲁番盆地近年来年产约 5000t 绿葡萄干，远销国内外。由于新疆吐鲁番盆地具有特别适合葡萄生长和制干的气候，新疆维吾尔族果农富有栽培无核白葡萄的经验和制作葡萄干的传统技能，使新疆绿葡萄干外形美观，品质优良，形成色、香、味、形"四绝"，驰名中外。

新疆绿葡萄干产品特点：碧绿晶莹，形似纺锤，颗粒均匀；皮薄无核，果粒饱满，肉质细软，酸甜适口，滋味鲜美，香气馥郁，风味独特；营养丰富；无农药残留；有利于携带和贮藏。

新疆绿葡萄干营养价值：含糖量高达 78.2%～81.1%，含有机酸<2%，营养价值很高。据测定，每 100g 无核白葡萄浆果含葡萄糖、果糖等 22.5%～25.5%，有机酸（主要是苹果酸和酒石酸）0.5～1.5g，蛋白质 0.15～0.9g，P、

K、Ca、Fe 等矿物质 0.3~0.5g，果胶 0.3~1.0g；每 100g 干物质含维生素 A 0.02~0.12mg，B 族维生素 1.25~10.25mg，维生素 C 0.43~12.3mg，此外还含有多种氨基酸等。葡萄皮中含有类似苯酚的化学物质，具有独特的杀灭病毒的能力。据记载，葡萄性平、味甘、无毒，入药有利筋骨，益气补血，除烦解闷，健胃利尿等功效，并可治疗瘰疬、神经衰弱等疾病。

制作方法介绍如下。

(1) 农家传统自然阴干

① 果实采收。制干的无核白葡萄必须充分成熟，其标志是穗梗发白，用手指挤果粒，果汁即徐徐流出，并有较强的黏着力，品尝时各浆果甜味一致。一般在 8 月中旬到 9 月中旬采收。

② 原料的整理。剔除果穗中的枯叶干枝，并用蔬果剪除去霉烂或变色的不合格果粒。晾挂葡萄果穗用的嵌有硬细木的木橼子，一端用麻绳或铁丝垂直系于晾房屋顶，晾房四壁均留有足够的通气孔。晾晒果穗俗称"挂刺"。挂一排，系一排，从最下端开始逐层往上挂，重重叠叠，犹如宝塔，直挂到屋顶。挂刺后 3~4d，有部分果穗果粒脱落，应及时清扫。以后每隔 2~3d 清扫一次，直到不脱落为止。脱落的果穗和果粒置于阳光下暴晒，制成次等葡萄干。

制干晾房都位于戈壁或荒坡，四周空旷，无植物，为高温、干燥环境，热风阵阵，晾房内平均温度约 27℃，平均湿度约 35%，平均风速 1.5~2.6m/s。经约 30d 阴干，即可完全下刺，一般每 4kg 鲜葡萄可制成 1kg 葡萄干。

③ 成品处理。摇动挂刺，使葡萄干脱落。稍加揉搓，借风车、筛子或自然风力去掉果柄、干叶和瘪粒等杂质。然后按色泽饱满度及酸甜度进行人工分级、包装、贮藏、出售。

(2) 快速冷浸制干

① 浸渍液及其乳化。1977 年新疆农科院园艺研究所等单位用 0.6g 氢氧化钾和 6mL 95% 乙醇混合液后，加入 3.7mL 油酸乙酯，摇匀，再兑入 1000mL 3% 碳酸钾水溶液，边倒边搅拌，获得醇溶油碱乳液。

② 浸渍。将成熟果穗浸没在乳液中 30s 到 5min，直到果表完全湿润，呈半透明状。生产上则 1min 即捞出漂洗，除去果表残留药液，晾晒制干。浸后 72h 脱水率为 64%，5d 达 76%，约为未浸渍的 2 倍。第 7 天基本干燥，比农家自然阴干缩短了 3/4~4/5 的制干时间。连续浸渍 30~50 次后，须添加新液，维持脱水率。

③ 制干。冷浸后的葡萄用阴干、晒干或烘干方法干燥。晾房阴干可保持无核白葡萄的传统绿色和风味，且色泽更鲜明透亮，果粒更饱满洁净，损失糖分少，品质有所提高。

50℃ 左右电热恒温鼓风干燥箱中烘烤 42h，脱水率已达 70%，全干后仍保持绿色。

④ 辐照保藏。新疆农科院原子能应用研究所于 1982 年将新疆绿葡萄干用[60]钴射线辐照后，其在常温下（20℃）保藏 113d，未发现色、香、味、形和营养成分有不良变异，完好率 100％，并且单宁含量有所减少，表明辐照有改良品质的作用。葡萄干在辐照场中不与辐照源直接接触，辐照后也没有产生次生放射性物质和其他有毒物质，经安全性测定，食用安全。辐照处理使新疆绿葡萄干在储藏、销售期间免遭虫害和变色，可跨年度储存，保证了新疆绿葡萄干的经济价值。

2. 葡萄蜜饯

（1）原料及处理　挑选白色大葡萄，洗净，用针分离出种子，然后放入装糖浆的容器内。糖浆按 1kg 糖配 1kg 水制成。

（2）制作方法

将葡萄及糖浆一起先用文火熬煮，然后逐渐加火，一直到熬干。在撤火前用茶匙加入柠檬酸，根据对芳香味的要求，再加入一些香荚兰，冷却后装入罐内，即成蜜饯。

二、猕猴桃的糖制技术与实例

1. 猕猴桃酱

如图 5-5 所示。

图 5-5　猕猴桃酱

（1）工艺流程　原料选择→清洗→去皮→糖水配制→煮酱→装罐→密封→杀菌→冷却→擦罐、入库。

（2）制作方法

① 原料选择。挑选充分后熟（约 8～9 成熟）的果实为原料，剔除腐烂、发酵、生霉或表面有严重病斑等的不合格果实。

② 清洗。彻底清洗，洗净泥沙等杂质，沥干水分。

③去皮。用手工剥皮，或将果实切成两半，用不锈钢汤匙挖取果肉。

④糖水配制。白砂糖100kg加水33kg，加热溶解，过滤，即成75%糖水。每100kg原料加入糖水33kg。

⑤煮酱。先将一半糖水倒入锅内煮沸后，加入果肉，约煮30min，待果肉煮至透明，无白心时，再加剩余糖水，继续煮25～30min，直至沸点温度达到105℃，可溶性固形物达68%以上时便可出锅。

⑥装罐。所用的玻璃罐须事先消毒，罐盖及胶圈在沸水中煮5min，每罐装量275g。

⑦密封。装好后立即旋紧罐盖。

⑧杀菌。在沸水中煮20min进行杀菌。

⑨冷却。分段冷却至38℃左右。

⑩擦罐、入库。擦干罐身罐盖，在20℃左右仓库内存放一周，检验合格后即可出库。

（3）质量标准

①酱体呈黄绿色或黄褐色，光泽均匀一致。

②具有猕猴桃酱应有的良好风味，无焦煳味及其他异味。

③果实应去净梗叶和花萼，无果皮，煮制良好。酱体呈胶黏状，带种子，保留部分果块，置于水平面上允许徐徐流散，不得分泌汁液，无糖的结晶。

2. 猕猴桃蜜饯

（1）原料配方　猕猴桃100kg，白砂糖70～80kg。

（2）制作方法

①选料。以选用八至九成熟的果实为好。成熟度不够则风味不好，而过于成熟又不易去皮。

②去皮。将果实用清水洗净，去除泥沙等杂物。去皮方法可用手工去皮，也可将果实浸泡在10%～20%的碱液中2～3min，然后在清水中漂去残留皮渣和碱液。

③烫漂。将果坯在沸水中烫漂5～10min，至果肉转黄、软化时，取出沥干水分。

④糖渍。取相当于果肉重量70%～80%的白砂糖，分成两份，其中40%供糖渍用，60%供糖煮用。糖渍时将果坯分成三层撒干糖，用糖量分别为：下层撒放20%，中层撒放30%，上层撒放50%。糖渍14～16h后，取出沥干。

⑤煮制。将糖渍后沥下的糖液也用于糖煮，将糖液配成60%以上的浓度，加入经糖渍后的果坯，煮30min左右，当糖液浓度达到70%～80%时，即可捞出果坯。

⑥包装。将果坯及糖液一起分装于经彻底消毒的玻璃罐中即为成品。

（3）产品特点　色泽鲜艳，酸甜适口，并有原果风味。

3. 猕猴桃果脯

如图 5-6 所示。

图 5-6　猕猴桃果脯

（1）工艺流程　原料选择→清洗→去皮→烫漂→糖渍→糖煮→干燥、整形→包装。

（2）制作方法

① 原料选择。以选用八至九成熟的果实为好，过生则风味不好，过于成熟则不易去皮。

② 清洗。用清水洗净泥沙等杂物。

③ 去皮。可用手工去皮，也可将果实浸泡在 10%～20% 碱液中 2～3min，然后在清水中漂去残留皮渣和碱液。

④ 烫漂。在沸水中烫漂 5～10min，至果肉转黄、软化时，取出沥干水分。烫漂目的是利于糖渍时的糖分渗透。

⑤ 糖渍。取相当于果肉重量 70%～80% 的白糖，分成两份，其中 40% 供糖渍用，60% 供糖煮用。糖渍时将果坯分成三层撒干糖，用糖量为：下层撒放 20%，中层撒放 30%，上层撒放 50%。糖渍 14～16h 后，取出沥干。

⑥ 糖煮。将糖渍后沥下的糖液也用来糖煮。用细砂糖配成 60% 以上的糖液，加入糖渍后的果坯，煮 30min 左右，当糖液浓度达 70%～80% 时，捞出果坯。

⑦ 干燥、整形。将经渗糖的果坯置于烘盘内，移入 50～55℃烘房烘 25h 左右，即成果脯。干燥后进行整形分级。

⑧ 包装。待冷却后，用经过消毒的玻璃纸或薄膜食品袋包装，然后装盒入库。

以上制品若糖煮后不进行干燥，即连同糖液一起保存或装罐者即为蜜饯。

4. 蜜猕猴桃

（1）原料　果坯，蜂蜜，少量香料。

（2）操作步骤

① 选料。选用八九成熟的果实为原料，放入清水中淘洗干净。

② 去皮。将清洗后的果实，放入10％左右的烧碱溶液中煮沸去皮。然后移入清水中漂洗，除去残余果皮和碱味。

③ 切半、挖心。将果实纵切成两半，挖出果心和种子。

④ 加热糖渍。将果坯放在不锈钢夹层锅内，加入为果坯重量6％～15％的蜂蜜和少量香料，加热两次，经冷却、风干即成。

5. 猕猴桃羹

（1）原料与配比　猕猴桃汁750g，白糖1kg，银耳250g，清水2.5kg，去皮苹果丁、香蕉丁、菠萝丁混合料1.5kg。

（2）制作方法　将成熟的猕猴桃洗净，用纱布包压榨取汁。将猕猴桃汁、白糖、清水一起放入锅内煮沸，然后放入去皮苹果丁、香蕉丁、菠萝丁混合料1.5kg，再次煮沸，用水淀粉勾芡，出锅装盘，再加入已蒸熟的银耳250g，即为成品。

（3）产品特点　色香味俱佳，营养丰富。

三、无花果的糖制技术与实例

1. 无花果酱

如图5-7所示。

图 5-7　无花果酱

无花果属浆果类，其果肉柔软适宜于制果酱，而且制成复合果酱会更好，因其芳香味较为欠缺。

加工工艺如下：

① 原料处理。应选择个大、成熟的无花果，要进行脱皮。将4％氢氧化钠溶液加热到90℃以上接近到沸腾温度，把无花果倒进碱液内加温并保持90℃ 1min

后，把无花果捞起，放于水槽内，用手搓动，果皮可脱掉，然后用少量稀酸中和残余碱液，最后用 pH 试纸检验至不呈碱性为止，沥干水待用。

② 打浆。把脱皮后的原料用打浆机进行打浆，打浆时应加入 0.01％的抗坏血酸进行护色。

③ 加热浓缩。把无花果浆倒入不锈钢锅内，用真空浓缩或常压浓缩方法，先加热浓缩使部分水分蒸发。

④ 添加辅料。果浆浓缩到固形物含量达 20％～25％左右时，可加入白砂糖，用糖量为原料重的 30％～35％。加入白砂糖共煮时，果浆会变稀，要继续浓缩，接着加入原料重 0.5％～0.6％的海藻酸钠。海藻酸钠事先用五倍量水浸泡并缓慢加热至呈均匀胶体状，然后加入到无花果浆中与糖一起共煮，不断搅拌和浓缩，浓缩到固形物含量接近 40％时应加入原料重 0.2％～0.3％的食用柠檬酸，最后加入 0.05％的山梨酸钾。总固形物含量达到 42％～45％左右加热停止。

⑤ 装罐。采用 200g 四旋瓶装罐。

⑥ 加盖密封。

⑦ 杀菌。100℃沸水杀菌 20min。

⑧ 冷却。逐级冷却到 40℃，即为成品。

2. 蜜饯无花果

如图 5-8 所示。

图 5-8　蜜饯无花果

（1）原料配方　鲜无花果 50kg，白砂糖 30kg，安息香酸钠 100g。

（2）工艺流程　选料→制坯→糖渍→晒制→再糖渍→再晒制→包装→成品。

（3）制作方法

① 选料。选用成熟适度的质优、形大、新鲜的无花果。

② 制坯。将无花果用碱液去掉果皮，逐个用竹针插刺两处，然后用清水漂洗干净，再入锅加入清水煮沸 20min 左右进行烫漂，以去掉其果肉中的胶质。

捞出后，沥去浮水，摊放在竹筛上晾 24h 制成果坯待用。

③ 糖渍。取白砂糖 15kg，加入清水 15kg，加热溶解为糖液。将果坯放入煮制约 30min，即可捞出。待冷却后连同糖液一并入缸，并将其余白砂糖逐层撒入，糖渍 5d 左右。

④ 晒制。将经糖渍的果坯捞出，沥净糖液，摊放在竹筛上晒制 2d。

⑤ 再糖渍。将糖渍无花果余下的糖液放入锅中煮制浓缩，并加入安息香酸钠，然后再放入经晒制的无花果坯，用文火煮制约 30min。离火后，将无花果坯连同糖液一并放入缸中，静置糖渍 5d 时间。

⑥ 再晒制。最后将果坯捞出，沥去糖液，再摊放在竹筛上晒 2d 即成。

⑦ 包装。用透明玻璃纸逐个包装，即为成品。能久存而不变质。

（4）产品特点　色泽透明，风味清甜带有鲜果幽香。食之有清凉、润肺、健身之效，是苏式蜜饯之佳品。

四、桑葚的糖制技术与实例

桑葚酱

如图 5-9 所示，加工工艺介绍如下。

图 5-9　桑葚酱

（1）原料配方　桑葚 500g，白糖 500g，明胶 6g，冷水 500mL，柠檬酸 3g。

（2）制作方法

① 选择无腐烂、无机械损伤的已熟透的桑葚，用清水冲洗干净，用组织捣碎机将桑葚捣碎（也可用菜刀将桑葚切碎）。

② 把捣碎的桑葚、水和柠檬酸一起倒入锅里，略搅拌一下后，放在火上，用旺火煮沸 5min 左右，加入白糖，用力搅动，等到白糖溶解，改小火煮 10min。为避免出现煳锅影响果酱的色、香、味，一定要经常搅动锅内的果酱。

③ 把明胶加入少许水内，上火加热，待明胶充分溶解后，将明胶溶液倒入

果酱锅内，搅拌均匀。煮 5min 左右时，可用汤匙取出少量果酱，倒在平盘内，如果不出现流散现象，就说明果酱已煮得恰到好处了，即可关火。

④ 将容器用清水洗干净，把桑葚酱倒入容器内，加盖密封，即为成品。

（3）产品特点　香甜可口，细腻滑润，没有异味，而且具有滋阴养血、安魂镇神等作用，并富含维生素 A 原、单宁及钙质等多种营养物质，经常食之，对人体有益。

五、椰子的糖制技术与实例

1. 椰子酱

如图 5-10 所示。

图 5-10　椰子酱

（1）原料配方

① 方法一。白砂糖 71kg，椰汁 30kg，蛋粉 1kg，鲜蛋液 30kg。

② 方法二。白砂糖 71kg，椰汁 30kg，蛋粉 5.5kg，水 10.5kg，鲜蛋液 15kg。

（2）制作方法

① 去壳。将椰子锯成两半剥除外壳，取出椰肉。

② 去黑皮。刨去椰肉外层黑皮，洗涤并修除残留黑皮。

③ 刨丝或刨蓉。利用刨板刨丝或刨蓉机刨蓉。

④ 压汁。用不锈钢螺旋压汁机压出椰汁，经绢布过滤，及时加热。

⑤ 蛋液准备。鲜蛋液和蛋粉混合后加入规定量的水用搅拌机搅拌均匀，经振筛过滤备用。

⑥ 加热过滤。白砂糖、椰汁、蛋液倒入夹层锅内，开火缓慢加热并不断搅拌，使白砂糖充分溶解，升温至 45～50℃时，取出以振筛过滤。

⑦ 炖制。用陶缸水浴加热炖制，水温 98～100℃，总时间约 7h，每半小时

搅拌一次，使受热均匀，防止结块。炖 4h 时，缸内混合物中心温度为 85～87℃；5～6h 时，中心温度为 88～90℃；7h 时，中心温度为 92～93℃，即要及时装罐。

⑧ 装罐。罐号 787，净重 397g（椰子酱 397g）。

⑨ 密封。空罐洗净于 95～100℃消毒 3～5min 烘干备用。抽气密封：125～200mmHg。

⑩ 杀菌公式（抽气）。3～15min/100℃（水），密封后尽快杀菌，杀菌后立即冷却。

2. 家制椰子酱

（1）原料配方　椰子肉 500g，白糖 500g，柠檬酸 3g，明胶 8g，冷水 500mL。

（2）制作方法

① 将椰子肉切成碎块，用组织捣碎机将椰子肉捣碎（也可用刀将其切碎）。

② 取锅，将捣碎的椰子肉、水和柠檬酸一起倒入锅内，略搅拌一下后，放在火上用旺火煮沸 5min 左右，加入白糖，用力搅拌，待白糖溶解后，改小火煮 10min 左右，为避免煳锅，一定要经常搅动。

③ 用少许水浸泡明胶，放火上加热，等到明胶充分溶于水之后，把明胶溶液倒入果酱锅内，搅拌均匀，再煮 10min 左右，用汤匙取少许果酱倒在平盘内，合格的果酱不流散，否则就需要再煮一会儿。

④ 果酱做好关火后，将椰子酱倒入经清洗消毒过的容器内，加盖封闭。如果要延长保存时间，可在椰子酱的表面撒一层白糖，加盖盖严即可。

（3）产品特点　色泽淡雅，味道清香，入口滑润细腻，无异味。椰子酱富含脂肪和蛋白质，可益气、祛风。常食椰子酱还可使人面部滑润、柔软、有光泽。

六、龙葵的糖制技术与实例

龙葵，又名苦葵，俗名天茄子、天泡草、老鸦眼等，多长在原野湿地和沼泽地边。龙葵的果实（即龙葵果）是一种经济价值较高的浆果，外皮紫色，果肉酸甜，含有较高的糖分、有机酸、矿物质和多种维生素，具有调节神经、解除疲劳、去虚热等作用，特别适合体力劳动者食用，是一种比较好的滋补食品。

制作龙葵酱需要准备以下设备：研磨机、搅拌机和紫外线消毒设备。

（1）原料配方　龙葵果 10kg，蜂蜜 2～3kg，维生素适量。

（2）制作方法

① 龙葵果用温的淡盐水冲洗消毒，再用凉水冲洗，去掉咸味，放入研磨机磨碎，然后送入搅拌机搅拌，使果实变成糊状稀料，然后用粗纱布把稀料过滤，去掉渣子。

② 在过滤好的稀料里加入适量蜂蜜和维生素，然后进行第二次搅拌，使蜂蜜和维生素与龙葵果稀料混合均匀。

③ 最后装瓶封口，用高温蒸制和紫外线消毒杀菌。

④ 经过上述方法处理的果酱，在一般室温（18～20℃）下可以存放 2 年左右。

（3）产品特点　香甜可口，有百花香气。

七、槟子的糖制技术与实例

槟子酱加工工艺介绍如下。

（1）原料配方　槟子肉 500g，白糖 500g，明胶 8g，冷水 500mL。

（2）制作方法

① 将无损伤的、已熟透的槟子果洗净、去皮、切半、挖去核，用组织捣碎机捣碎（也可用刀切碎）。

② 取锅，将捣碎的槟子肉和水倒水锅中，略加搅拌，置于旺火上煮约 5min，再加入白糖用力搅动，待白糖溶解后，改用小火煮约 10min，并且不停地搅动锅内溶液，避免煳锅。

③ 把明胶和少量水上火加热，待明胶充分溶于水后，把明胶溶液倒入果酱锅内，搅拌均匀，再煮 10min 左右，用汤匙取出少量槟子酱倒入平盘内，如果槟子酱不流散，即说明果酱已煮得恰到好处，即可关火。

④ 容器用清水洗净，把槟子酱装入容器内，加盖密封。若想延长保存期，可在槟子酱表面撒上一层白糖。

（3）产品特点　入口细腻、滑润、无异味、酸甜适口，是佐餐佳品。

第六章　其他类果实的糖制技术与实例

06 Chapter

第一节　坚果的糖制技术与实例

一、板栗的糖制技术与实例

1. 栗子糕

如图 6-1 所示。

图 6-1　栗子糕

（1）原料配方　栗子 1kg，白糖 300g，糯米粉 200g，桂花酱 250g，冷水 600mL。

（2）制作方法

① 将栗子用开水浸渍 5~10min 后剥皮、洗净。

② 将栗子切成薄片放入小盆内，加入 200mL 冷水，把盆放置蒸锅内，上火蒸 40~50min，待栗子熟透后取出。

③ 取白糖、糯米粉和冷水 300mL 放入锅中，置于中火上煮沸，待呈黏稠状时即可离火，随后加入栗子泥和桂花酱搅拌均匀。

④ 将栗子酱倒出，用小木板刮成 2cm 厚的片状，再随意切成某种形状即为成品。

（3）产品特点　口感松软，甜度适中，栗味浓郁，营养丰富，是深受儿童欢迎的小食品。

2. 板栗果脯

（1）工艺流程　原料→清洗→烘烤→去皮→护色→硬化→软化→煮制（三次）→浸糖（三次）→烘干→包糖衣→成品。

（2）操作要点

① 选用无病虫害、无干枯、无霉烂、无风味异常的大小一致的栗果，用清水洗净、沥干后，送入 70℃ 左右的烘房内烘 5min，取出后趁热破壳，然后立即放入 0.3% 的亚硫酸钠热溶液中浸泡 2h，期间除去内衣。

② 取出栗仁，用清水冲去残留的亚硫酸钠，投入 0.2% 的氢氧化钙溶液中浸泡 30min。

③ 捞出后用清水冲去氢氧化钙，漂洗 20min，并于沸水中煮 10min。

④ 预煮后的栗仁沥干后倒入含有 0.2% 柠檬酸的 30% 糖液中煮制 10min，并浸泡 1d。

⑤ 捞出栗仁，倒入浓度为 40% 的糖液中，煮制 10min，并浸泡 1d。

⑥ 捞出栗仁，倒入浓度 50% 的糖液中，煮制 15min，并浸泡 12h。

⑦ 捞出栗仁，沥干糖液，放入 70~80℃ 的烘房内烘 3~4h，至表面不粘手。

⑧ 投入事先熬稠的糖液中炒干，给栗脯包上糖衣，使产品酥脆易保存。

3. 糖炒栗子

如图 6-2 所示。

图 6-2　糖炒栗子

（1）工艺流程　原料选择→分级→备砂→配料→炒制。

（2）制作方法

① 原料选择。应选用肉质细密，水分较少的小栗子。

② 分级。如果大小颗粒一起炒制，常出现小粒熟、大粒生或大粒熟、小粒焦的现象，所以在炒制前，应剔除腐烂果、开果或虫蛀果，并按果形大小分级后，分别炒制。

③ 备砂。选洁净且颗粒均匀的细砂（将细砂用清水洗净，统一过筛、晒干，用饴糖、茶油拌炒成"熟砂"备用）。久经使用的陈砂比新砂更好。

④ 燃料。用木炭或煤作燃料。木炭发火快，火力旺，减火和来火方便，便于掌握火候。

⑤ 锅灶。分滚筒和铁锅两种。使用滚筒较省力，但炒制的质量不及铁锅炒制的好。

⑥ 配料。栗、砂、糖、油的比例是：栗与砂的重量之比为1∶1，每100kg栗子用饴糖4～5kg，茶油200～250g。

⑦ 炒制。预先将砂炒热，以烫手为度，再倒入栗子，按比例加适量饴糖、茶油，连续翻炒。由于砂粒的闷热作用，约经20～30min便可以炒热。用筛筛去砂粒后，置于保温桶内，即可趁热食用。炒栗子时加入饴糖和茶油的目的在于滋润砂粒，减少果实粘砂，便于翻炒，并使栗果润泽光亮。

（3）质量标准 果实饱满，颗粒均匀，果壳易分离，无蛀口，无闷烂。味道香而甜糯。

二、核桃的糖制技术与实例

核桃仁是食品工业的重要原料，具有独特的风味、极高的营养和保健价值。目前我国已有琥珀核桃仁（图6-3）、椒盐核桃仁、五香核桃仁罐头、核桃粉、核桃健脑露等产品，但利用广度和深度远不及美国的核桃食品，它们有百余种，而且仍在发展。

图6-3 琥珀核桃仁

核桃的脂质含量高，许多是可溶物，可使食品增加核桃香味，预计将被广泛地应用于医药食品中。将核桃仁用蜂蜜、香料或糖拌炒一下，加到冻酸奶或冰糕上会使其别具风格。将优质核桃仁撒在巧克力棒糖、巧克力轧糖上，可制成风味独特的糖果食品。核桃仁是面包、蛋糕和油炸饼的优质配料，加上它可使食品具有一种奇特的果仁味；在全营养面包中加入核桃仁，可以改变食品的质地，增加口感。核桃粉同奶油搅在一起可以制成核桃奶油，与白砂糖、蜂蜜、糖汁搅拌在一起可以制成核桃酱，此外它还是一种优质的调味剂。

第二节　柑果的糖制技术与实例

一、柑橘的糖制技术与实例

1. 橘子酱

如图 6-4 所示。

图 6-4　橘子酱

（1）工艺流程　原料选择→橘肉处理→橘皮处理→配料→加热浓缩→装罐→密封→冷却。

（2）制作方法

① 原料选择。要求原料含酸量高，芳香味浓，且较成熟，剔除腐烂和风味差的果实。也可采用部分生产糖水橘子时选出的新鲜橘肉。

② 橘肉处理。原料需经过洗涤、热烫、剥皮、分瓣、去核等过程，其加工工艺同糖水橘片罐头。将橘肉用孔径为 2～3mm 的绞肉机绞碎，或用打浆机打浆。

③ 橘皮处理。选用新鲜、无斑点的橘皮，投入 10％浓度的盐水中煮沸两次，每次 30～45min，再用清水漂洗 10h 左右，漂洗期间每隔 2h 换水一次。漂后取出，榨去部分水分，用孔径为 2～3mm 的绞板绞肉机连续绞两次。

④ 配料。原料用量为：绞碎橘肉50kg，绞碎橘皮6kg，白砂糖44kg。将橘皮和橘肉充分混合，再以孔径为2～3mm的绞板绞肉机反复绞2～3次。

⑤ 加热浓缩。采用夹层锅浓缩，橘肉和橘皮混合物预先加热浓缩25min，再分两次加糖液，每锅浓缩时间不超过50min，最后至可溶性固形物达66%～67%，即可出锅装罐。

⑥ 装罐。将橘酱趁热装入经过消毒的玻璃瓶内。

⑦ 密封。密封时橘酱温度不低于80℃，旋紧瓶盖。

⑧ 冷却。用温水和冷水分段冷却。

（3）质量标准

① 酱体为金黄色或橙黄色，色泽均匀一致。

② 具有橘子酱罐头应有的良好风味，无焦煳味及其他异味。

③ 组织呈黏稠状，经稀释后存在明显的砂囊，允许有细小橘皮粒。酱体有附着性，置于水平面上允许缓慢流散，但不得分泌汁液，无蔗糖的结晶。

④ 总糖度不低于57%（以转化糖计），可溶性固形物不低于65%（按折光计）。

（4）注意事项

① 在加热前，可以压出部分果汁，剩下的作果酱原料。

② 由于有橘皮加入橘酱，因此可不添加果胶或琼脂，但必须选用良好的橘皮。橘皮应煮至软烂，漂洗脱去苦味，并尽量绞细。

③ 无果壳、果核及白色纤维，煮制良好，酱体呈粒状，不流散，无液汁分离，稍有韧性，无糖的结晶体。

2. 日本橘子酱

（1）原料配方 橘子酱（半成品）670g，白砂糖150g，葡萄糖110g，食盐38g，酿造醋（80°）30g，洋葱（提取物）50g，蒜（提取物）4g，其他辛辣物质4g，维生素C 0.2g。

（2）制作方法 将外果皮（橘皮）等除去，取其橘肉部分作为原料，榨去果汁，得到橘子残渣，然后将其做成橘子酱。该酱中固形物含量为70%～80%，不够70%时，酱的黏度低，超过80%以后，黏度过大，将给以后的均质处理和其他后道工序造成困难。在均质处理过程中，由于是以40～70℃加温，橘子酱中的原生果胶可被溶化，纤维物质也变软，因而可将固形物处理成微细粒子。均质处理后，再添加各种辛辣物质，如洋葱、蒜、肉桂、辣椒、麝香草粉、胡椒等的提取物或微细粉末，白砂糖、食盐等也必不可少，最后杀菌处理制成橘子酱。

3. 柑橘果丹皮

如图6-5所示。

图 6-5 柑橘果丹皮

柑橘果丹皮颇似山楂饼的加工技术，但因原料不同，风味不同，此制品带有柑橘芳香，有些许苦味，因加入部分果皮，此种风味更满足外国人的需求。

加工工艺如下：

① 原料。采用成熟柑橘或未成熟果实，首先除去种子，果肉要脱苦，但允许带有少量苦味。

② 打浆。把柑橘果肉带少量果皮在打浆机内打成浆。

③ 加热浓缩。把柑橘浆置于不锈钢锅内或夹层锅内直接加热或用蒸汽加热浓缩，最好使用真空浓缩或夹层锅蒸汽加热。首先蒸发部分水分，然后加入白糖，按原料量 50kg 加入白糖 25kg 或 40kg，再加入 100g 增稠剂海藻酸钠（海藻酸钠要事先加水加温调成均匀的胶体），然后按照原料所含的酸分多少，适当加入柠檬酸，使其总酸量达 0.5％～0.8％。继续加热浓缩至呈浓厚酱体，其固形物达 55％～60％，最后可适当加入少量柑橘香精以增强其芳香。

④ 摊皮烘烤。把柑橘酱倒在一块 6mm 深的钢化玻璃板内，板内事先铺上一层白布，即把酱体倒在白布上，厚度 2mm 左右，然后送入烤房烘烤，在 60～70℃温度下烘到半干状态。

⑤ 趁热揭皮。从烤房取出后趁热把块状柑橘酱揭起，如果冷却则不容易揭起。

⑥ 切片。用人工或机械切成方形或圆形饼状。

⑦ 干燥。把分切好的成品再送去烤房干燥，使含水量下降到 5％为合格。

⑧ 包装。颇似饼干的包装，包成小袋或采用其他精美包装。

4. 橘饼

如图 6-6 所示。

（1）工艺流程 原料选择→刨皮→划缝、去籽→压榨→腌制→预煮→去籽→漂洗→糖煮→冷却→晾干→撒糖→分级→包装。

（2）制作方法

① 原料选择。应选果形较小、汁液少、新鲜成熟的果实。生产中常用小型果实作为原料。

图 6-6　橘饼

② 刨皮。刨皮与否根据橘子的品种和产品规格而定，皮薄的品种常常不刨皮。需要刨皮的品种采用手工刨皮器刨去黄皮层，刨的黄皮层可作提取香精油和陈皮等的原料。

③ 划缝、去籽、压榨。橘果选用划缝器划缝，再加压力将果实压扁，并挤出种子。压出的果汁可供生产果子露。

④ 腌制。将压扁的果实浸入浓度为 3％的石灰水中，腌制 5～6h。

⑤ 预煮、去籽。取出经腌制的果实，放入铝锅内预煮 5～8min，并在热水中用手去除残留种子。

⑥ 漂洗。用清水漂洗 24h。

⑦ 糖煮。按 50kg 橘坯用 38kg 白砂糖配料。先取白砂糖 14kg，放入锅内加水溶解（水量以淹没橘坯为度），倒入橘坯，使其吸收糖液，糖水渗入后，再加剩余的白砂糖，加热继续煮制，不断搅拌，煮至全部橘果透明，沸点温度达到 108～110℃时，即可离火，沥去糖液。

⑧ 冷却。经糖煮后橘饼逐渐冷却，使附在橘饼上的糖液凝成固体。

⑨ 晾干。经糖制后的橘饼还含少许水分，需放在晾盘上晾干。

⑩ 撒糖。为减少蜜饯保藏期间吸湿和黏结，需在橘饼表面撒上干燥糖分。

⑪ 分级。根据橘饼质量和大小进行分级。

⑫ 包装。先装入塑料薄膜食品袋，再用纸箱包装。

（3）质量标准　外观比较整齐一致，黄中透白，可溶性固形物应达 70％～75％，水分含量在 20％以下。

（4）注意事项　不立即进行加工的果实，经划缝、去籽和压榨后，每百千克果实用食盐 8～12kg、石灰 1～1.5kg，制成水坯，腌制约一个月。加工时取出用清水漂洗几次，去除盐分及橘皮中的苦味等，沥干水分，其他工艺同上。

5. 金柑饼

金柑饼也是苏州的著名蜜饯之一。本品精选原料，加工精巧，故历年来经常受到顾客们的好评。金柑饼具有顺气、开胃、健脾等功效，因此对患胃病者更为适口有益。

（1）原料配方　鲜金柑 50kg，白砂糖 20kg，雪花糖 5kg。

（2）制作方法　从统货的鲜金柑中剔去烂的、小的和青的，用刨刀把金柑划出条纹，用盐 500g、矾 300g，和鲜金柑一起放入桶中，用清水浸一夜，再捞起用开水烫漂，去除金柑籽，压干之后，用白砂糖 5kg 放入桶中，把压干了的金柑浸一夜，然后再倒入锅中煮，约煮到锅边四周发滚时，就捞起再放入缸中，并加 12.5kg 白砂糖一起溶化，经过十天左右捞起，再加 2.5kg 白砂糖，一起放入锅中煮，煮沸后即捞起倒入箩筐中晒 3～4 个太阳日，至八成干就用 5kg 雪花糖拌在金柑上，再晒一天即成。

（3）注意事项

① 鲜金柑中青色的和烂的必须剔尽，同时在煮第一次时必须烧得透，但不能过透（技术性很高），必须掌握金柑在煮时四边水泡滚沸即行捞起，否则金柑要发乌色。

② 用糖要无杂质，同时配糖的数量不能短少，否则也要影响金柑的质量。

③ 保管中要注意存放时间，一般不宜超过 3 个月，在保管时一定要安放在氅里，四面用箬叶盖好，氅口密封，以防漏气。

④ 生产时间是每年 12 月份开始，将近年末即做成成品。

6.橘红蜜饯（川式）

（1）原料配方　鲜橘 85kg，川白糖 45kg。

（2）工艺流程　选果→去皮→燎坯→划瓣→挤籽→水漂→再燎坯→收锅→起货→粉糖→成品。

（3）制作方法

① 选果。选择个头均匀、无疤无痕、色泽鲜红、成熟的鲜橘作坯料。

② 去表皮。用磨果机或手工刨去表皮（或称云皮）。

③ 燎坯。用清水将果坯冲洗后，放入 80℃ 的热水中燎浸 4～6min，待果坯略显柔软滑手时，将坯捞起。

④ 划瓣。用划瓣机将果坯划成 10～12 瓣。划缝要均匀，不可对头，切忌将坯心划破。

⑤ 挤籽。用手工或去籽机将果坯轻轻挤压，去尽籽汁，但切不可将果肉挤烂。

⑥ 水漂。将果坯放入清水中，浸漂 48h，期间换水 6～8 次，水漂时，要将果坯逐个轻轻挤压，一般要挤 3～4 次。

⑦ 再燎坯。果坯放入开水锅中，煮沸 2～3min 后，迅速捞起入清水池中，浸漂 12h 左右，期间换水 1～2 次。然后用压坯机或手工再次逐个挤压，去其汁和水分。

⑧ 收锅。精制糖浆（35°Bé）熬至103℃时，将果坯放入锅中。糖浆不宜过多，边煮边加，待果坯呈金黄色、不现花点，温度升到110℃时，起入蜜缸，蜜制48h。

⑨ 起货、粉糖。将新鲜糖浆（35°Bé）熬至116℃时放入蜜坯，再熬至116℃时，起入粉盆。果坯冷至60℃左右时，进行粉糖，即为成品。

（4）产品特点 呈扁圆状，略现花瓣形，为浅橘红色，甘甜适口，果香浓郁，并有一定的药用价值，能止咳化痰。

7. 金钱橘蜜饯（川式）

（1）原料配方 鲜金钱橘85kg，川白糖45kg，食盐2kg，石灰1.5～2.5kg。

（2）工艺流程 选橘→划瓣→挤籽→盐渍→灰漂→水漂→燎坯→喂糖→收锅→起货→粉糖→成品。

（3）制作方法

① 选橘。选择大小均匀、色泽鲜红、九成熟的金钱橘为坯料。

② 划瓣。用划瓣刀沿金钱橘果周身划9～10刀，切忌划穿橘心。

③ 挤籽。用手将坯逐个轻轻挤压，去尽籽汁，但切不可挤烂果肉，以保持形态的完整。

④ 盐渍。用食盐渍坯。每50kg橘坯用盐2kg，盐渍4h，其坯软硬适度时即可灰漂。

⑤ 灰漂。将橘坯放入灰水中浸漂12h，每50kg鲜橘坯用石灰1.5～2.5kg，待灰水吃透坯心时，即可水漂。

⑥ 水漂。水漂24h，期间换水4～5次，口尝无异味时即可。

⑦ 燎坯。将橘坯放入开水锅内煮沸，经2～3min后，再喂糖。

⑧ 喂糖。将橘坯挤干，放入蜜缸，倒入冷糖浆（38°Bé），糖浆量要多，以坯在糖浆中松动为宜，喂糖时间为12h。

⑨ 收锅。将糖浆（35°Bé）与橘坯一起入锅，煮至108℃时，捞入蜜缸，蜜制48h。

⑩ 起货、粉糖。将新鲜的糖浆（35°Bé）熬至113℃，再将橘坯倒入锅中，用中火加温。待温度上升至116℃时起入粉盆。温度降至50～60℃时，粉糖后即为成品。

（4）产品特点 呈扁圆形，略似菊花，色红且有光泽，清香纯甜，橘味突出，有"蜜饯之王"的美誉。

8. 寿星橘蜜饯（川式）

（1）原料配方 鲜寿星橘80kg，川白糖45kg，石灰1.5kg。

（2）工艺流程 选橘→划瓣→燎坯→去籽→去汁→灰漂→水漂→再燎坯→喂糖→收锅→起货→粉糖→成品。

（3）制作方法

① 选橘。以大小均匀、两头光整、色泽黄亮油润、九成熟的鲜寿星橘为好。

② 划瓣。用划瓣刀沿寿星橘四周划 9～10 刀，切忌划穿果坯。

③ 燎坯。将果坯放入 80℃ 热水锅中，经 4～6min 果坯能掐动时，捞入清水缸内冷却。

④ 去籽、去汁。用手将果坯逐个轻轻挤压，将籽和果汁挤尽，切忌将果肉挤烂。

⑤ 灰漂。将鲜坯放入石灰水中，浸漂 12h 即可。50kg 鲜橘坯用 1.5kg 石灰。

⑥ 水漂。将果坯从灰池捞入清水池中，水漂 24h，期间换水 4～5 次。待水色转清，果坯微黄，尝果坯无石灰味时，即可再燎坯。

⑦ 再燎坯。将果坯放入开水锅中燎煮，使水温再次达到沸点 2～3min 后，迅速捞起，待沥干后喂糖。

⑧ 喂糖。将沥干的果坯放入蜜缸，倒入冷的精制糖浆（38°Bé），喂糖 24h 后，将果坯捞起。将糖浆加温熬至 104℃，再倒入蜜缸，并放进果坯回喂 24h。糖浆量宜多，以果坯能在蜜缸内活动为宜。

⑨ 收锅。将果坯与糖浆（35°Bé）一起入锅，用中火加温，煮至 109℃ 时，连坯舀入蜜缸，蜜制 48h。

⑩ 起货、粉糖。将新鲜精制糖浆（35°Bé）熬至 113℃ 左右时下果坯，用中火加温至 116℃ 时起锅，放入粉盆，待果坯温度降至 50～60℃ 时，进行粉糖，即为成品。

（4）产品特点　呈椭圆形，略似牛奶头，颗粒完整、饱满，略有透明感，色泽金黄，甘甜芬芳，余香浓郁，与金钱橘蜜饯齐称"蜜饯之王"。

9. 蜜橘皮（苏式）

（1）原料配方　鲜橘皮 50kg，白砂糖 40kg，食盐 2.5kg，明矾粉 1kg。

（2）工艺流程　选料→清洗→切条→腌制→漂洗→浸渍→煮制→冷却→包装→成品。

（3）制作方法

① 选料。选用新鲜干净的橘皮，要求原料无腐烂变质、无异味。

② 清洗。将新鲜的橘皮用清水反复淘洗干净，沥干浮水备用。

③ 切条。将洗净的鲜橘皮切成规格为 3cm×0.6 cm 的长方条状，去除边角碎屑及不整齐条块。

④ 腌制。将橘皮坯放入盐水中盐渍。每 50kg 橘皮用食盐 2.5kg 并加入食用明矾粉 750g。用水量以能浸没橘皮坯为度，腌制时间 12h 左右。

⑤ 漂洗。橘皮坯经腌制后捞出，沥干水分，放在煮锅中，注入清水并加入

125g 食用明矾粉，加热煮沸 2～3min，以去其苦味和辣味。捞出后用清水冲冷，再倒入清水中漂洗，并加入食用明矾粉125g，每隔 4h 左右换 1 次水，浸泡 12h。

⑥ 浸渍。将橘皮捞出，沥干水分，再用白砂糖 25kg 进行糖渍，按照一层橘皮加一层白砂糖入缸，拌和均匀。糖渍时间约 5～6d，其间翻拌 1 次，以使橘皮吃糖均匀。

⑦ 煮制。将糖渍后的橘皮坯连同糖液一并倒入煮锅。用文火煮制并陆续加入白砂糖 15kg，至橘皮表面起亮光，糖汁拉起挂丝时离火，整个煮制过程约需 30～40min。

⑧ 冷却。把煮好的橘皮坯捞出，沥净多余糖液，摊放在晾盘中冷却至橘皮外表糖液凝固即可。

⑨ 包装。剔除块形不整的橘皮，然后分装于塑料膜食品袋中即为成品。要存放在阴凉干燥处。

（4）产品特点　色泽鲜亮，气味芳香，无苦辣味，香糯爽口。

10. 青红丝

如图 6-7 所示。

图 6-7　青红丝

（1）原料配方　鲜柑橘皮 50kg，白砂糖 50kg，明矾 200g，色素少许。

（2）操作步骤　将鲜柑橘皮用水洗干净（橘皮需浸水使其变软），切成丝状，放入 0.4％的明矾水中浸渍 1d，移出加清水漂洗，直到苦味除尽为止。捞出滤干水分，分成两半。取一半果皮丝，一边搅拌一边加青绿色色素液，使制品全体染色均匀为止。用同样方法将另一半果皮丝染成红色。然后加入 25kg 白糖，将青红丝一起，拌匀，糖渍 3d 后再将剩余的白糖加入，继续糖渍 3d。然后移出滤干糖液，拌和事先磨细的糖粉，以使皮丝松散为度。再经日晒干燥，即成为青红丝成品，可进行包装。在没有糖粉的情况下，把糖液煮到结砂为止，冷却后即成为成品。不用日晒也可。这个制品在古时用作贡品，以表祝愿吉祥。现用作各种饼馅的原料，需求量较大。

（3）注意事项

① 染料应采用食用色素，如"苹果绿"和食用色素"粉红"。使用时用少量水把色粉调成色液。用量不宜过多，染色不宜太浓，成品的色泽才能鲜艳。

② 制作青红丝的原料，除柑橘皮外，西瓜皮、未成熟木瓜、萝卜、冬瓜、红萝卜、莲藕等瓜菜均可。

二、橙子的糖制技术与实例

1. 橘丝糖

（1）原料配方　鲜柑橙皮，白糖，石灰水。

（2）制作方法

① 橘丝的制作。磨去柑橙皮表面一层表皮，可防止成品产生苦辣味。将磨后的柑橙皮切成 2～3mm 宽的丝条，将丝条放入石灰水中浸泡 24h，然后将浸泡过石灰水的丝条置于流动的清水中漂洗 2～3h，并不断搅动以加强漂洗效果。将漂洗过的丝条沸煮 25min，除去残存的苦辣味，并使其变软。煮过的丝条需再次放入流动清水中漂洗 2h，然后捞出放入竹筛中沥干水分，如能用离心机甩干更好。

② 糖渍。按 50kg 沥干水后的丝条，加入 25kg 白糖盖面，糖渍 2d。在第二批产品糖渍时，可利用前一批糖渍所剩下的糖液，只需再加入适量白糖即可。

③ 熬煮。把糖渍后的丝条放入夹层锅或铜锅中（家庭自制也可以用铝锅）熬煮。熬煮时，每 50kg 丝条加放白糖 20kg，并要轻轻翻动数次，熬至糖液呈黏稠状且用筷子粘少许糖液滴入冷水中成团不化时，即可起货。起货后将丝条糖液平铺在不锈钢板或铝板（家庭制作可用铝盆或搪瓷盆）上，当糖液冷却结砂，即得橘丝糖成品。

（3）质量要求　色泽淡黄，呈丝状，表面有糖霜，干爽，味甜，具有本品种风味，含糖量 70%～80%。

（4）包装　成品易受潮，应用聚乙烯薄膜袋包装密封。

2. 蜜黄皮（广式）

（1）原料配方　鲜橙 80kg，白砂糖 42.5kg，食盐 5～8kg，琼脂适量。

（2）工艺流程　选料→清洗→划缝→去核→盐渍→烫漂→水漂→煮制→浸渍→冲洗→烘干→上膜→烘干→包装→成品。

（3）制作方法

① 选料。选用八成熟、果实坚硬、外表无虫蛀且无机械伤的果实，规格以直径 5cm 左右为好。

② 清洗、划缝、去核。将橙采用清水洗净后，磨去表面油层，然后将果身

划开 4～6 道缝，再压成扁圆形，去除汁液籽粒，约剩果重的 60%～70%。

③ 盐渍。取果坯重量 10%～15% 的食盐，加水溶为盐液，再将果坯浸入，盐渍 7d 左右。

④ 烫漂。捞出果坯，沥去盐液，然后放入开水锅中，再加热至沸，随即捞出入冷水中漂洗。

⑤ 水漂。在清水中浸泡 24h，期间换水 4～5 次，然后捞出压出苦汁，再入清水中漂洗 24h，捞出沥干备用。

⑥ 煮制、浸渍。取白砂糖配成浓度为 70% 的糖液，加热煮沸（并加入适量柠檬酸）。将果坯倒入锅中，用文火煮约 1h，糖液浓度成 60% 时，即可起出，连同糖液一并倒入缸中糖渍腌制 5～7d。然后再将果坯与糖液一起入锅煮沸，并加入部分干砂糖，煮糖液浓度为 72%～74% 时，即可将果坯捞出。

⑦ 冲洗、烘干。果坯捞出后，沥净糖液，用沸水将果坯外表的糖液冲洗一下，待冷却后摆入烘盘进行烘干。

⑧ 上膜。果坯烘至稍干后，用手工逐一将果坯外形整好，再浸入琼脂溶液中，使果实外表均匀地黏附上一层薄膜。

⑨ 烘干。将涂有衣膜的果坯捞出后继续进行烘干，至果坯表面不粘手时为止。

⑩ 包装。将制品进行密封包装即为成品。保存时要谨防吸潮使制品溶糖。

（4）产品特点　芳香浓郁，味道鲜美，有浓厚的地方风味。

3. 蜜橙皮（川式）

（1）原料配方　鲜橙皮 35kg，川白糖 42.5kg。

（2）工艺流程　选料→制坯→烫漂→压榨→再烫漂→煮制→上糖衣→成品。

（3）制作方法

① 选料。选用七八成熟的厚皮橙子为宜。

② 制坯。将选好的鲜橙子削净外层青皮，挖去橙心，切成宽约 3cm 的料块，再切去两端，橙皮条块应洁白新鲜。

③ 烫漂。先将切好的白料块置于 80～90℃ 的热水锅内烫漂，要不断翻动，煮 10min 左右，手捏料块能合拢，放开后能还原时即可捞出。烫漂时间要严格掌握，时间过长糖煮时会造成烂坯烧锅；过短则不能将皮内苦汁除尽。

④ 压榨。将经烫漂的橙皮捞出挤压。挤压的方法是边淋清水边挤压，这样反复进行，直到经尝橙皮无苦味时为止。

⑤ 再烫漂。将榨去苦汁的橙皮再置于沸水锅内煮 30min 左右，随即捞出，入清水中漂洗以进一步去除苦汁，备用。

⑥ 煮制。配成浓度为 35% 的糖液入锅，将橙皮坯也入锅，用旺火煮制。煮制中应注意常搅动，使之进糖均匀，糖液数量以木铲翻炒时较为松动为准，不足

时要及时添加，煮制 1h 后，可改为中火，再煮 0.5h 左右，待糖液浓缩至浓度为 65%，橙皮坯色泽一致、呈透明体时，即可捞出。

⑦ 上糖衣。将捞出的橙皮坯沥净糖液，待稍冷后，即可上糖衣制为成品。

（4）产品特点　色泽发白，呈透明状，滋软纯甜，橙香宜人，风味独特。

4. 橙皮脯

（1）原料配方　黄熟橙子 170kg，白砂糖 90kg，绵白糖 20kg，盐 1kg，白矾末 500g。

（2）制作方法

① 将橙子削去外层的苦皮，然后用刀切成两半。

② 将盐及白矾用冷水溶化，将切好的橙子放入浸泡 3h，水以浸过橙子为度。

③ 捞出橙子，滤干盐水，把橙汁压出，去掉橙核。

④ 白砂糖 20kg 用水煮开，冷却后，将处理过的橙子放入，浸泡 24h，糖水以浸过橙子为度。

⑤ 将糖水及橙子放入锅中烧到小开，全部倒入缸内，再放入 55kg 白砂糖，轻轻搅动，使其溶化，浸泡 10d。

⑥ 将橙子捞出，加 15kg 白砂糖用水溶解，糖水浸过橙子即可，在锅里同烧至沸，立即倒在竹席上晒干。

⑦ 待水分已干，橙子尚软时，用剪刀将橙子剪成棋子大的块，然后将 20kg 绵白糖与橙块拌匀，即是香甜可口的橙皮脯了。

⑧ 可放罐子里封闭保存，一般可保存 3 个月。

（3）产品特点　香气浓、甘如饴，是蜜饯中的上品。

第三节　聚复果类的糖制技术与实例

菠萝的糖制技术与实例

菠萝除果心组织较为致密以外，果肉组织疏松多汁，果肉组织含水量可高达 93%。果形特大，不能以全果糖渍。其含酸量常在 0.6% 左右，以柠檬酸及酒石酸为主。含酸果肉糖渍时，易产生转化使制品具强吸湿性。菠萝的糖渍工艺优点是糖渍后仍带菠萝特有芳香，与缺乏香气的水果配合糖渍，可以改进制品风味。

菠萝糖片是以鲜菠萝果肉带果心切片进行糖渍的制品。菠萝果粒是以菠萝果心为原料，切成粒状后进行糖渍的制品。不同点是菠萝糖片组织较为疏松，而果粒较为致密。其风味同具菠萝特有芳香。菠萝果粒多利用制糖水菠萝罐头的下脚料果心作为原料。

1. 菠萝糖片

加工工艺如下：

① 原料。选择菠萝以七成成熟度为宜，果皮开始部分转黄为七成成熟度。果色绝大部分变黄的为八成成熟果，多汁，肉软，糖渍后制品收缩，影响品质。

② 削皮分切。鲜菠萝削皮分切后，削除果眼。果身直径在 5cm 以内的，可横切成 1.5cm 厚的圆片。直径在 5cm 以上的，在横切成 1.5cm 厚的圆片后，可分切成四瓣片的扇形片。

③ 浸灰。菠萝果肉属多汁浆果类型。浸灰的目的是使果胶物质与钙结合成不溶性果胶酸钙盐，从而使疏松易煮烂的果肉变得稍微紧密不易煮烂；同时使所含的柠檬酸及酒石酸等与钙结合成钙盐，以降低酸分。浸灰用过饱和石灰水浸泡果片，时间 8～12h。浸灰标准为，任取一片果片，经充分清水漂洗后，以 pH 试纸测试 pH 值，应在 6 左右。然后漂洗，沥干，再以 65℃烘去过多水分，约达七成干为宜，随即进行糖渍。

④ 糖渍。糖渍时，在浅容器中加入菠萝片 25kg、白砂糖 10kg、苯甲酸钠 18g，翻拌均匀后浸渍 24h，移出糖液。把糖液加糖 5kg，加热煮沸后，趁热把糖液加入果片中，再浸渍 24h，随后进行糖煮。

⑤ 糖煮。把果片连同糖液倒入糖煮锅加热进行糖煮。煮到沸点 120℃左右时，补加白砂糖 4kg，煮沸到 126℃时，停止加热，使品温降到 100℃时，移出果片，摊于烘盘中，进行补烘。

⑥ 补烘干燥。把烘盘送入烘干机中，以 60℃烘到含水量不超过 12%，冷却后包装。

⑦ 成品包装。最好用小聚乙烯薄膜袋做单片真空包装。包装前，用菠萝香精对果片轻轻喷雾一次，随即入袋密封。用聚乙烯层制透明纸做定量 50g、100g、200g 真空包装亦可。

2. 菠萝果粒

如图 6-8 所示。

图 6-8　菠萝果粒

（1）加工工艺

① 原料处理。将从菠萝去心机中取得的圆柱形果心横切成 1.5～2.0cm 的小圆粒，浸饱和石灰水 12h，移出，用清水漂净，沥干水分，准备糖煮。

② 糖煮。每 50kg 果粒用 60% 浓度的白砂糖液 40kg 加热煮沸，用加少量水的方法维持沸点为 103℃ 20min 及维持沸点 105℃ 20min。最后煮到沸点为 126℃时停止加热，不断搅拌，冷却后移出果粒，摊于烘盘中，准备烘制。

③ 烘制。以 60℃烘到果粒干燥，含水量不超过 8%。冷却后，喷以菠萝香精，随即包装。

④ 成品包装。以聚乙烯袋做定量 100g、200g 密封包装。

（2）多种食用法　菠萝果粒除作一般糖果食用外，可切碎作各种糕点饼食的馅心配合原料；也可用作"菠萝鸭"菜的菠萝原料；还可切碎加入冰水、冰淇淋、汽酒等中作为配料。

3. 菠萝酱

如图 6-9 所示。

图 6-9　菠萝酱

（1）原料配方

① 低糖度酱。碎果肉 62.5kg，白砂糖 35kg，琼脂 0.5kg，菠萝香精 20g。

② 高糖度酱。碎果肉 62.5kg，白砂糖 53.5kg，琼脂 188g。

（2）制作方法

① 原料处理。果实经清水冲洗干净，切去两端，去皮捅心，以锋利小刀削去残留果皮，修去果眼。糖水菠萝生产选出的新鲜碎果肉或由外皮刮下的干净果肉均可使用。

② 绞碎。用绞板孔径 3～5mm 的绞肉机将果肉绞碎。

③ 加热及浓缩。低糖度酱：果肉在夹层锅加热浓缩 25～30min，加入糖液及琼脂再浓缩约 20min，至酱的可溶性固形物达 57％～58％，最后加入香精搅拌均匀及时出锅快速装罐，以果胶代替琼脂可提高酱体的质量。高糖度酱：加热浓缩至酱的可溶性固形物达 66％～67％时出锅装罐，浓缩方法和时间同上。

④ 装罐。罐号 781，净重 383g，菠萝酱 383g。罐号 8113，净重 700g，菠萝酱 700g。

⑤ 密封。酱体温度不低于 80℃。

⑥ 杀菌及冷却。a.净重 383g 杀菌式：3～15min/100℃。杀菌后冷却。b.净重 700g 杀菌式：3～15min/100℃。杀菌后冷却。

4. 菠萝脯

如图 6-10 所示。

图 6-10　菠萝脯

菠萝脯成品要求透明，比较干燥，保持原来的香甜味，原料果实以九成熟为宜。

加工工艺如下：

① 捅心、去皮。用刀切去果实两端（1 个半果眼），然后捅心，再去皮。以锋利小刀削去残留的果皮、果眼、斑点及杂质。

② 切分、硬化。将整果横切成 18～20mm 厚的圆片，然后根据果实的大小切成 3～4 块或不切分。切好后投入 1％的氧化钙溶液中硬化。

③ 护色。将果块从硬化液中捞出，洗净沥干，铺于竹盘中，送入熏硫室熏硫 2～3h，或投入 0.3％的亚硫酸氢钠溶液中护色。

④ 热烫。将熏硫后的果片用清水洗 1 次，然后投入沸水中热烫 2min，沥干水分。

⑤ 糖渍。称取为果块重量 25％～30％的白糖，拌入果块，放入缸中糖渍。

24h后，滤出糖液，再加入果块重量15%的白糖煮沸溶化，倒入缸中再糖渍24h。

⑥ 糖煮。将糖液滤出，加热调整到浓度为60%，将果块放入，煮沸30～40min。煮的过程中，加入浓度为65%的糖液2次，每次为果块重的8%～10%，出锅时糖液浓度应为65%，再将糖液和果块一起倒入缸中浸渍数小时。

⑦ 烘干。将果块捞起，用60℃热水浸1～2s，然后送入烘房烘烤。烘烤温度为60～65℃，烘至表面不粘手即可。成品要求总糖含量为68%～70%，水分含量为6%～18%。

⑧ 包装。用真空包装机包装，以防止吸潮。

第七章　根菜类蔬菜的糖制技术与实例

07 Chapter

第一节　肉质根类蔬菜的糖制技术与实例

一、胡萝卜的糖制技术与实例

胡萝卜富含胡萝卜素，每 100g 可食部分的含量高达 3.7mg，其含量比其他蔬菜类可高十几倍至几十倍，比番茄多 3.3 倍，胡萝卜素为维生素 A 原，在人体中可转变为维生素 A，故以富含维生素 A 著称。日本称胡萝卜为"人参"。胡萝卜不只营养丰富，且有药效作用，据《本草纲目》记载，有"下气补中，利肠胃，安五脏"之效。另有报道称，胡萝卜有降压、强心、抗炎、抗过敏及抗癌作用。总之，胡萝卜在蔬菜类中有很高的评价。

胡萝卜组织紧密细致，少汁，适于作糖渍原料，但具有胡萝卜的特有气味，不受一部分儿童及成人欢迎，因此，在糖渍中应设法降低此种特有气味。

1. 蜜胡萝卜片

如图 7-1 所示。

图 7-1　蜜胡萝卜片

（1）制作方法

① 原料的选择。选用直径 3cm 左右、肉质鲜红、组织紧密、髓心小的胡萝卜为原料。

② 碱液去皮。原料经洗涤去泥沙后，进行去皮，即将 1%～2% 的氢氧化钠溶液煮沸后，浸碱煮 1～1.5min，取出用冷水冲洗摩擦去皮、洗净。

③ 切片、去髓。洗净后沥干，切成 0.7～0.8cm 厚的圆片；用打孔器将髓部除去，即得到中心有圆孔的胡萝卜圆片。

④ 预煮。用清水预煮，使其稍微变软，以便于吸收糖分，然后用冷水漂洗冷却。

⑤ 糖煮。漂水后沥干水分，入锅煮制，煮制方法用一次煮成法。100kg 胡萝卜片，配 45% 糖液 40kg，倾入夹层锅内熬煮，控制蒸汽流量使之微沸，缓慢浓缩，直至糖液含糖量达 70%～75% 时，把胡萝卜片取出沥干。在煮制接近终点时，每 100kg 的胡萝卜片加 0.5kg 柠檬酸搅拌均匀，继续煮制。此时，胡萝卜片已表面发亮，果片透明，可起锅入缸浸渍 1～2d，平衡糖分。

⑥ 烘干、拌粉。沥干糖液，上盘烘干，烘至八成干时，拌上白糖粉，继续烘干至不粘手时，可取出喷洒适量柠檬香精。

⑦ 包装。可用小塑料袋密封包装。

（2）产品特点　本品色泽红艳，美观，酸甜适口。

2. 胡萝卜酱

如图 7-2 所示。

图 7-2　胡萝卜酱

（1）原料配方 胡萝卜500g，白糖500g，柠檬酸4g，冷水500mL，山楂香精2滴，明胶5g。

（2）制作方法

① 将胡萝卜洗净，切成碎块，上笼屉蒸至熟烂，用组织捣碎机将其捣碎呈泥状（也可用家用绞肉机代替），加入柠檬酸，以免脱色。

② 将胡萝卜泥倒入锅中，加入清水，用旺火煮沸约5min，加入白糖，改用小火煮，并不断搅拌，以免煳锅。

③ 待小火煮至15min时，将明胶放入少许水中加热，待其溶化后，倒入锅中，搅拌均匀。当锅中液体变少且气泡增大时，即说明果酱已煮到恰到好处，即可关火，加入香精，搅拌均匀。

④ 将胡萝卜酱倒入消毒的容器内，加盖，置阴凉处存放。如果在果酱表面撒一层白糖，则可延长贮存期。

（3）产品特点 营养丰富，减轻了胡萝卜的异味，十分适于儿童食用。

3. 雪红圆蜜饯

雪红圆是内江市各食品厂生产的大宗蜜饯之一。

（1）原料配方 鲜红萝卜（胡萝卜）130kg，川白糖85kg，石灰3.9kg。

（2）工艺流程 选料→制坯→灰漂→水漂→喂糖→收锅→起货→粉糖→成品。

（3）制作方法

① 选料。选择新鲜红萝卜（胡萝卜）作坯料，去除须根，每根100g左右为好。

② 制坯。用竹片刨去红萝卜（胡萝卜）表皮，切成1.4～1.5cm长的圆筒，放入开水锅中燎煮至能用竹签轻轻插进时，用小圆筒逐个将红萝卜（胡萝卜）圆心去掉（其心可单独制蜜饯，做法与红萝卜相同）。

③ 灰漂。将坯料放入石灰水中浸漂（每100kg鲜坯需石灰3kg左右）6h备用。

④ 水漂。灰漂后用清水漂24h，期间换水4次。

⑤ 喂糖。分3次喂糖，每次24h。第一次用冷的精制糖浆（38°Bé）；第二次将糖浆（35°Bé）熬至104℃再喂；第三次将坯料与糖浆入锅煮至104℃时舀入缸内蜜饯，回喂24h。

⑥ 收锅。坯料与糖浆（35°Bé）一起入锅，煮到108℃时起入缸内蜜饯，蜜制24h。

⑦ 起货、粉糖。将新鲜糖浆（35°Bé）熬至112℃时，加入蜜坯，适时翻动锅底。至糖浆火色"大挂牌"、温度在112℃时，起入粉盆。冷却至60℃左右时粉糖即为成品。

（4）质量标准

① 规格：圆筒形，空心，无斜边现象，体形完整。

② 色泽：鲜红，晶莹如血玉，有透明感。

③ 组织：结构紧密，滋润化渣，饱糖饱水。

④ 口味：纯正。

4. 糖佛手（苏式）

（1）原料配方　鲜胡萝卜 90kg，白砂糖 40kg，梅卤、明矾水、柠檬酸适量。

（2）制作方法

① 选料。选用直顺、粗细均匀、新鲜的胡萝卜为原料。

② 清洗。将胡萝卜用清水洗净，去除泥沙等杂质，再用小刀刮去外表皮，修去斑点、须根等，再切去两端。

③ 雕切。将胡萝卜切成 10cm 左右长的肉段，再用小刀雕切成手指形状。

④ 浸卤。将胡萝卜坯放入梅卤中浸泡 24h 左右，然后捞出沥去余液。

⑤ 浸矾。将胡萝卜坯放入明矾水中漂洗，然后再放入沸水中烫漂，煮 5min 左右（并在水中加入适量柠檬酸），随即捞出入清水冷却透。

⑥ 煮制。先用糖液将胡萝卜坯浸渍，然后沥浆再煮，并加入白砂糖入缸糖渍。最后再将胡萝卜坯及糖液入锅，以文火煎煮至糖液浓稠胡萝卜坯呈透明状时即成。

⑦ 包装。将制品带浆装入坛内，密封保存，可保存 1 年左右。

（3）产品特点　造型奇巧，色泽鲜艳，香甜可口。

5. 胡萝卜脯

如图 7-3 所示。

图 7-3　胡萝卜脯

（1）制作方法

① 制坯。选根头整齐、红嫩、心小的鲜胡萝卜。经水洗净，用不锈钢刀刮除胡萝卜的薄表皮，用清水漂洗后，切成 2cm 或 5cm 长的圆柱形。

② 预煮。将切好的坯倒入锅中煮沸 15min，将其煮软（呈半透明状态），即可起锅，放入清水中漂洗。

③ 去心。将预煮后的坯（2cm 长的胡萝卜块）用去心器（用长 25～30cm 的白铁皮，制成一头大、一头小、粗细约有胡萝卜心那么大的筒形物）去心；或用不锈钢刀将 5cm 长的胡萝卜切开，去掉心后切成 1cm 宽的胡萝卜条。

④ 糖渍。将去心后的胡萝卜放入非铁容器（陶瓷或搪瓷的为好）中，加入浓度为 40％的糖液浸渍 48h 后，将坯连同糖液下锅煮沸 20min 后，起锅继续糖渍 48h。

⑤ 浓缩。糖渍 2d 后，将坯连同糖液一起下锅，煮沸浓缩 30min，待糖液温度达 108℃时，起锅糖渍 12～24h 即为半成品。将半成品连同糖液一起下锅，煮沸 30～35min，待温度达到 112℃时起锅，晾至 60℃时用白糖粉（100kg 坯料配1～2kg 白糖粉）上糖衣。最后筛去多余的糖粉，用无毒塑料袋包装密封即可。

（2）产品特点　色、香、味俱佳，老少皆宜。

6. 胡萝卜糖片

如图 7-4 所示。

图 7-4　胡萝卜糖片

胡萝卜糖片有两种制法：一是胡萝卜切片糖渍而成；另一种是胡萝卜打浆，加糖合煮、浓缩刮片后胶制而成。

① 糖渍胡萝卜片。选红肉胡萝卜，洗净、去皮，横切成 7～8mm 厚的圆片，打孔去髓；用沸水预煮软化，捞出沥水；按每百千克熟片加 45％的糖液 90kg、

柠檬酸 0.5kg，在夹层锅煮沸浓缩至糖液浓度达 75％；出锅，沥尽糖液，稍加烘烤，即成营养丰富、酸甜适口的糖渍胡萝卜片。

② 胡萝卜糖片。原料洗涤干净，用常压蒸汽软化，用刮板式打浆机打浆；按浆料重加入 30％～50％的白砂糖、2％的淀粉和适量柠檬酸，煮沸浓缩至可溶性固形物达 55％～60％，出锅，刮片，烘烤，冷却包装即为成品。

二、萝卜的糖制技术与实例

萝卜组织脆嫩细致，肉质肥厚，适于作糖渍原料，但含水量较多，可高达 95％，常有组织皱缩的缺点。经浸灰固化，充分透糖，可以减轻皱缩。组织成分中含有甲硫醇的不良气味，经较长时间加热可以除去。

萝卜糖（川式）加工工艺介绍如下。

（1）原料配方　白萝卜 85kg，川白糖 47.5kg，石灰约 7.5kg。

（2）工艺流程　选料→制坯→灰漂→水漂→燎坯→喂糖→收锅→起货→成品。

（3）制作方法

① 选料。选用 500g 以上，个头光整、无空花、无黑心、圆润白嫩的沙土白萝卜为坯料。

② 制坯。将萝卜用清水洗去泥污，去掉萝卜表皮，用刀切成（或用戳刀）条形、片形或圆形（条形为 3cm×1.2cm×0.5cm，片形为 4cm×3cm×0.5cm，圆形为 2cm×0.5cm）等各种规格的生坯。

③ 灰漂。每 50kg 坯料用石灰 7.5kg，先配好石灰水，再将萝卜坯料放入石灰水中，浸渍 24h 左右即可。

④ 水漂。将萝卜坯料从石灰水中捞出，冲去表面石灰液，然后入清水池，清漂 3～4d，期间每天换水 2～3 次，至水色转清，水味不含石灰涩味，手捏有滑腻感时即可。

⑤ 燎坯。将坯料入沸水锅中燎煮 10～15min，待坯料下沉后，即可捞出入清水池再清漂两天，期间换水 4～5 次，捞出后即可喂糖。

⑥ 喂糖。先将川白糖、清水入锅配成 40％浓度的糖液，注入缸内；再将坯料浸入糖浆中，浸渍 24h 左右再行煮制。

⑦ 收锅。先舀少量糖液入锅，再将喂过糖的坯料连糖液舀入锅内煮制，糖液因水分蒸发而减少时，应添加至浸到上层坯料为宜。煮制时间 1.5h 左右，先用大火，1h 以后用中火。待糖液浓度达到 65％以上，取出坯料掰开剖面色泽一致、无花斑时，即可起锅静置。静置时间 7d 左右（可因需要而延长）。

⑧ 起货。也叫出坯。将萝卜坯料连同糖液舀入锅内，用中火煮制 1h 左右，糖液减少时应添加，煮制中须用木铲炒动，以免"烧锅"，待糖液浓度达到 68％

左右时即可起锅，冷却后即为成品。

（4）产品特点　造型美观，色泽洁白，呈透明状，食之甘甜爽口，滋润化渣，略有红萝卜味。

第二节　块根类蔬菜的糖制技术与实例

甘薯的糖制技术与实例

1. 甘薯脯

如图 7-5 所示。

图 7-5　甘薯脯

（1）加工工艺

① 原料选择、去皮、护色。最好选用黄甘薯为加工原料，洗净去皮，若未能及时切片，就整只投入护色液中浸泡。护色液用 50kg 水、100g 亚硫酸氢钠、100g 白矾、100g 柠檬酸配制而成。

② 切片、护色、硬化。去皮后切成 0.3～0.4cm 厚的片，再投入护色液中浸泡 4～6h。护色液中含有白矾，所以同时起硬化作用。

③ 漂洗、预煮。将甘薯片捞起，漂洗后投入沸水中，煮至七成熟，迅速投入冷水中冷却。

④ 糖渍。冷却后捞起沥干，然后每 50kg 甘薯片加白糖 15kg、苯甲酸钠 11g 浸渍，浸渍至出水淹没甘薯片，再将糖水浓缩（去除 2/3 水分），再进行浸渍，至糖水被吸收完为止。

⑤ 烘干。将甘薯片用 60℃ 热水浸 1～2s，洗去表面的糖分，送入烘房在 60℃ 左右温度下烘干，含水量达 15%～17% 时即为合格产品。

（2）注意事项　预煮时间不能太长，以煮至七成熟为度，否则易糊化；糖渍时最好按甘薯片重量加 1.5%～2% 的蜂蜜，这样制出的产品色、香、味更好；成品注意包装防潮。

2. 甘薯-胡萝卜复合脯

本品是以甘薯和胡萝卜为原料，选择最适配比与新型工艺生产的复合脯，无论是营养成分还是风味、口感都比甘薯脯和胡萝卜脯好得多。

加工工艺如下：

① 原料挑选。选择无病虫害的新鲜红心甘薯及新鲜肥大、较光滑、无明显沟痕和分叉、皮薄肉厚、无病虫害的橙红色胡萝卜品种为原料。

② 清洗。用流水洗刷干净甘薯及胡萝卜表皮。

③ 修整去皮。用不锈钢刀削去甘薯、胡萝卜须根及绿色部分。甘薯去皮后立即投入 0.2% 的亚硫酸氢钠溶液中，以防止变色。胡萝卜用煮沸的 8% 烧碱溶液浸淋 4min 左右，立即用清水冲洗，去掉表皮和残留的碱液。

④ 蒸熟。将甘薯、胡萝卜切成小块之后，放在带蒸笼的锅中蒸熟（一定要蒸透，不留硬心）。

⑤ 破碎。分别把甘薯、胡萝卜破碎成 3cm×3cm 见方的小块，再分别用打浆机打两次，然后放在瓷桶中存放。

⑥ 配料。取甘薯浆液 6kg、胡萝卜浆液 4kg、白砂糖 4kg、柠檬酸 20g、蜂蜜 200g、增稠剂 0.6kg、苯甲酸钠适量，调配均匀（白糖、增稠剂、柠檬酸分别加适量水溶化，过滤）。

⑦ 熬煮。将调配好的混合液放入夹层锅中熬煮，直至可溶性固形物达到 55% 以上时出锅。

⑧ 摊平。将熬煮好的混合料液放在搪瓷盘上摊平，厚度控制在 0.8～1cm。

⑨ 烘烤。摊平的混合料液放入有鼓风机的烘箱或烘房内烘烤，温度控制在 60℃左右，连续烘烤 8h 左右。

⑩ 造型。将烘烤好的混合物切成 5cm×2cm 或 3m×3m 的脯块，也可制成圆形、小动物造型等。

3. 混合型甘薯果酱

(1) 工艺流程

原辅料处理→调配→浓缩→装罐→杀菌→冷却→成品（其他果浆果泥）。

(2) 操作要点

① 原辅料处理。

甘薯泥：选择新鲜或冬贮甘薯，要求无虫蛀、无霉烂、无芽，清洗干净后放入双层锅内蒸熟至无硬心。取出立即去皮，投入 0.5% 的柠檬酸液中护色，然后放入锅内继续蒸烂，加适量水捣碎。

山楂泥：选果时剔去病果、烂果、生虫果，将果放入水中浸泡 2～5min，清洁 2～3 次，压榨之后放入锅内煮沸 2～3min，冷却去核，用打浆机打浆后备用。

大枣泥：选果，剔除病果、烂果、虫果，清洗，反复进行两三次，在 30～40℃水中清洗效果更好。清洗后浸泡，按枣水比为 1∶4 的比例在 80℃恒温下浸泡 24h，去核，采用捣碎机捣烂成泥备用。

草莓浆：选果，剔去烂果、次果，去除果蒂，清洗后沥干，装入塑料袋，置于冷藏箱于 -12～-18℃进行冻藏，取出后室温下解冻，利用打浆机打浆备用。

琼脂液：称取适量琼脂，用温水浸泡，泡软后，清洗干净放入锅内加热溶解（加水量为琼脂的 15～20 倍），过滤去杂备用。

浓糖液：称取适量白糖，加热煮沸溶化后配成 75% 的浓糖液，过滤去杂备用。

柠檬酸液：称取适量的晶体柠檬酸，加入水配制成 50% 的溶液备用。

② 调配。根据原辅料特征和产品的质量要求，进行科学调配。

③ 浓缩。按原辅料配比的量，将果浆、泥置于开口锅中，进行加热熬煮。开口锅是一种简单而又传统的果酱加工设备，若条件允许，可使用浓缩设备进行浓缩，效果更佳。其蒸发温度控制在 100℃，一边熬煮一边搅拌以防焦化。浓糖液依次加入，待浓缩接近终点时，加入琼脂液，继续加热，加入柠檬酸调至 pH 值为 3.0，再加入少量合成食用色素和增香剂，停止加热。

④ 装罐。为了避免果酱在高温下糖的转化、果胶降解、色泽和风味的恶化，应在浓缩后迅速灌装、杀菌和冷却。先将罐容器清洗干净，然后消毒并沥干水分。灌酱时温度不低于 85℃，封罐时温度多应在 80℃以上。

⑤ 杀菌和冷却。将罐置于杀菌锅内进行加热杀菌，温度要达 100℃，时间为 5～10min。取出后应迅速冷却至室温以下，若是玻璃罐应分段冷却。成品入库贮存。

（3）产品质量

① 感官指标。

色泽：依配料不同其产品色泽有浅酱色、酱色和酱红色，有光泽，均匀一致。

风味：具有混合果酱特有的双果风味，甜酸适口，无焦煳味和其他异味。

组织及形态：呈黏糊状，无大果块，无结晶，无渗水，稠度适宜，倾斜时可以流动，涂布性良好。

② 理化指标。

总糖：55% 以上（以转化糖计）。

可溶性固形物：60%（以折光计）。

微生物：无致病菌及因微生物所引起的霉变现象。

食品添加剂的加入量应符合我国食品卫生法的规定量。若需加食品防腐剂，可在停火前加入 0.04%～0.05% 的苯甲酸钠。

（4）注意事项　在生产过程中，原料不得与铜、铁等金属离子接触，以免引起褐变和维生素 C 的大量损失。

第八章　茎菜类蔬菜的糖制技术与实例

08 Chapter

第一节　地下茎类蔬菜的糖制技术与实例

一、姜的糖制技术与实例

姜分老嫩，糖渍原料以嫩姜为主。嫩姜含姜油酮及姜油酚成分较少，组织细嫩肥厚，具有特有的辛辣味。姜具有健胃、除湿、祛寒、发汗、止吐等功效。因此，姜的糖渍品虽有姜辣素的特殊辣味，仍为广大群众所欢迎，但传统制品不多。

姜的纤维组织随老化而渐多，所含辣味成分也愈多。糖渍原料除利用辣味作调味料时采用老姜之外，多选用肥厚白嫩的嫩姜，并需经多次烫漂以减除辣味才能适用。

1. 甘草酸梅姜

如图 8-1 所示。

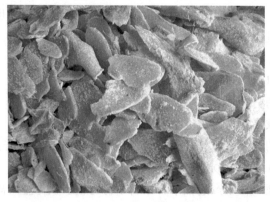

图 8-1　甘草酸梅姜

本品为嫩姜与甘草及酸梅汁配合糖渍而成，带有甘酸的姜辣味，开胃生津，提神醒脑。

（1）原料配方　鲜嫩姜片25kg，酸梅汁4kg（或柠檬酸150g加水3kg），白砂糖10kg，甘草粉末1kg，糖精40g，丁香粉末40g，苯甲酸钠30g。

（2）制作方法

① 原料处理。选取肉质肥厚细嫩的仔姜，洗净，刮净浮皮。依横径斜切成0.7cm左右的斜片。加精盐拌和3h，再投入多量含有3％明矾的清水中浸泡1d，捞出投入沸水中热烫5min，沥干水分，准备糖渍。

② 糖渍烘制。取白砂糖10kg加清水5kg搅拌溶解后，加酸梅汁4kg、甘草粉末1kg、丁香粉末40g、苯甲酸钠30g。混合后，加入姜片浸渍2d，每日翻拌3次。然后移入烘盘散开，以65℃烘到表面干燥。再用剩余的汁液浸渍，反复吸附完汁液为止，最后烘干，冷却后包装。含水量不超过8％。

③ 成品包装。用聚乙烯袋做50g密封真空小包装，每5小包做聚乙烯盒密封商标包装。本品在食用时，每次不过一两片，故应用小袋包装，以方便销售及食用。

2. 姜脯

如图8-2所示。

图8-2　姜脯

加工工艺如下：

① 原料选择、洗涤、去皮、切片。选取大块、鲜嫩的姜为原料，用竹片去皮，然后迅速切成片（斜片）。

② 护色。先配制好护色液，即含有3％食盐和0.2％亚硫酸氢钠的水溶液。切片之后立即投入其中浸泡，以防变色。

③ 退辣。待全部原料切片之后（或分批切完后），用不锈钢锅或铝锅（不能用铁锅）将姜片连同浸泡的护色液一起煮沸40～60min，目的是退去一部分辣味。

④ 糖渍。退辣之后，将姜片洗净，按姜片重量的 80％加白砂糖进行糖渍（不用加水）。

⑤ 糖煮。糖渍 1～2d 后，将姜片及渗透出的姜汁一起放在夹层锅或铝锅中糖煮，煮至返砂即为成品。

3. 子姜蜜饯（川式）

(1) 原料配方　生姜 150kg，川白糖 90kg，石灰 4.5kg。

(2) 工艺流程　选子姜→去姜芽→刨姜皮→刺孔→灰漂→水漂→燎坯→喂糖→收锅→起货→粉糖→成品。

(3) 制作方法

① 选料。选择体形肥大、质嫩色白的仔姜作坯料，以白露前挖的、八成熟的姜为最好。

② 制坯。削去姜芽，刨净姜皮，用竹签刺孔，孔要均匀、刺穿。

③ 灰漂。将坯料放入石灰水中，用工具压住，以防止上浮，使姜坯浸灰均匀。灰漂时间需 12h。

④ 水漂。灰漂后用清水浸漂 4h，期间换水 3 次，至用手捏坯料带滑腻感时即可燎坯。

⑤ 燎坯。锅内水温达 80℃时，放姜坯入锅，煮沸 5～6min 后，捞入清水中回漂 4h，再喂糖。

⑥ 喂糖。将姜坯放入蜜缸，倒入少量的冷糖浆（38°Bé）喂糖 12h 后，再将坯料与糖浆（35°Bé）一起入锅，煮沸，至 103℃时再舀入蜜缸，回喂 48h。

⑦ 收锅。将姜坯与糖浆（35°Bé）一并入锅，待温度升至 107℃时，起入蜜缸，蜜制 48h 即可起锅。

⑧ 起货。先将新鲜精制糖浆煎至 110℃，再放入蜜坯，用中火煮制约 30min。待温度升到 112℃时，即可起锅，滤干，冷却至 60℃左右，然后均匀地粉上川白糖，即为成品。

(4) 质量标准

① 规格：形状完整，无收缩起皱现象。

② 色泽：白色。

③ 组织：细嫩，化渣。

④ 口味：姜味浓厚，香甜可口。

4. 糖醋酥姜

(1) 原料配方

① 盐腌过程。去皮生姜 100kg，食盐 24kg，粮食醋 30kg。

② 制成过程。盐腌生姜 100kg，粮食醋 50kg，白糖 70kg，无毒花红粉 100g。

（2）制作方法

① 盐腌过程。

a.挑选鲜嫩、肉肥、坚实、完整的生姜作原料，用刀切去姜芽、姜仔、老根、表皮，洗净后盐腌，每 100kg 生姜加盐 18kg，最后一层多撒一些盐，然后盖上竹篾盖，压上重石。

b.盐腌 24h 后，将姜捞出装在筐中，用重石压去一部分水分，约经 3h 后，100kg 生姜变为 50kg。

c.第二次盐腌，加盐 6kg，方法与第一次相同。

d.将二次盐腌姜沥去水分，压扁，重新放入缸内，然后将粮食醋倒入浸渍，上盖竹篾盖，压上重石，使醋没过姜面，浸渍 24h。

② 制成过程。

a.把半成品姜纵切成两半，再斜切成一样薄厚的半圆片，厚边约 1cm，薄边像斧刀。

b.将半圆片放入清水中浸泡 30min，然后再放入另一空缸中，用清水浸泡 12h，捞出后沥去水分。

c.将沥水的姜片装入缸中，灌入粮食醋，盖上竹篾盖，醋渍 12h 后捞到筐里，沥干醋液。

d.将沥去醋液的姜片倒入缸内，然后加入相当于缸内姜片重量 70% 的白糖，用手搅拌均匀，盖上麻布、竹篾和缸罩。浸渍 24h，把姜片捞出，沥去糖液。

e.将沥去糖液的姜片放入缸中，然后按每 50kg 糖渍的姜片中加无毒花红粉 100g，翻拌均匀后，将原糖液倒入，盖上竹篾盖和缸罩，存放 7d 左右，姜片即被染透，然后捞出姜片，滤去糖液。

f.将糖液倒入锅中煮沸，然后将姜片放入，煮沸约 3min，中间翻锅一次，捞出姜片散热，把糖水再舀到缸内，凉了后，将姜片放入即成。

（3）产品特点　口味清脆凉爽，略带辣酸味，色泽鲜红，质地丰满柔软。既可冷食，又可炒吃。

5. 川姜片（川式）

如图 8-3 所示。

图 8-3　川姜片

（1）原料配方　鲜姜 70kg，川白糖 45kg，石灰水适量。

（2）工艺流程　选料→切片→灰漂→水漂→燎坯→喂糖→收锅→起货→上糖衣→成品。

（3）制作方法

① 选料。选用鲜嫩板姜为好，不得使用腐烂的姜为原料。

② 切片。将鲜姜用清水洗净，去除泥污，顺着姜芽切成或刨成薄片，厚约 2mm。

③ 灰漂。将姜片浸入含石灰 5% 的石灰水中浸泡，浸泡时间为 48h 左右，待姜片色泽转黄时即可捞出。

④ 水漂。将姜坯捞出，沥去石灰水，置于清水中清漂 3d 左右，期间每天换水 4～5 次。

⑤ 燎坯。将水漂后的姜坯，在沸水中煮 15min 左右，再置于清水中浸漂 24h，期间换水 3～4 次，直至姜片色泽转白，水清亮，方可喂糖。

⑥ 喂糖。将川白糖配成 40% 浓度的糖液入缸，将清漂后的姜坯置于糖液中浸泡 12h。

⑦ 收锅。将喂糖后的姜片连同糖液舀入锅内煮制 1.5h。糖液下锅时浓度为 35%，起锅时应达到 65%，将姜片连同糖液一起倒入缸内，静置 7d 以后再进行煮制。

⑧ 起货。姜坯连同糖液舀入锅内，用中火煮制 1h 左右，待糖液浓缩至浓度为 75% 左右时，即可起锅，沥去多余糖液。

⑨ 上糖衣。在制品冷至不烫手时，即可上糖衣（温度过高糖易溶化，温度过低则不粘糖），上糖要均匀。

二、马铃薯的糖制技术与实例

马铃薯具有丰富的营养价值。它含有蛋白质、磷、铁、维生素 B_1、维生素 B_2 以及胡萝卜素，且其蛋白质的质量比较好，最接近动物蛋白质，易于人体吸收。经用氨基酸分析仪测定，在马铃薯内含有 18 种人体所需的氨基酸和多种微量元素。马铃薯还能供给人体大量的黏蛋白，黏蛋白是一种多糖蛋白的混合物，能预防心血管系统的脂肪沉积，保持动脉血管的弹性，防止动脉粥样硬化过早发生，并可预防肝脏、肾脏中结缔组织的萎缩，保持呼吸道、消化道的滑润，效果显著。因此，以马铃薯为加工原料制成的方便、高营养的休闲食品深受消费者青睐。并且对于生产者来说，马铃薯资源丰富，价格低廉，生产周期短，工艺简单易掌握，投资成本小，经济效益高，家庭作坊和大小工厂均可组织生产。马铃薯加工同时也是加快贫困地区特别是马铃薯产区经济发展的一条重要途径。

1. 马铃薯片

如图 8-4 所示。

图 8-4　马铃薯片

（1）原料配方　马铃薯 1kg，白糖 400g，石灰水（浓度为 5%）1L，冰水 500mL。

（2）制作方法

① 将马铃薯去皮、洗净，切成厚 0.5cm 的圆片。

② 把马铃薯片放入石灰水中浸泡 3～4h，再用清水漂洗 4～5 次。

③ 将白糖 300g、冷水、马铃薯片放入锅中，用大火煮沸后改用小火煮 30～40min，离火后腌渍 1d。再加入 100g 白糖，上火煮 10～15min，待糖液收浓后，即可离火。

④ 将煮好的马铃薯片连同糖液一起浸泡 5h。

⑤ 把马铃薯片捞出，放在竹屉上沥干糖液，晾晒 1～2d 即成。

（3）产品特点　色泽金黄，糖脆肉香，口味纯正。既可随吃随炸，又可长期贮存，是很好的美味小食品。

2. 马铃薯酥糖片

加工工艺如下：

① 选薯切片。选择 50～100g 的新鲜、无病虫害的马铃薯，将表皮泥土洗净，再放入 20% 的食用碱水中，用木棒不断地搅动脱皮。等全部脱皮后，捞起冲洗干净沥干备用。切片可按需要切成厚约 2mm 的菱形或三角形薄片，切后浸在清水中，以免表面的淀粉变色。

② 煮熟晒干。煮时一定要掌握好火候，应保持薯片熟而不烂。然后晒干，晴天可放在阳光下晒；阴雨天可烘干（温度控制在 30～40℃）。晒干或烘干的标准以一压即碎为宜。

③ 油炸上糖衣。将干制好了的马铃薯片放入加热沸腾的香油或花生油中油炸，每次投入量可根据油的多少而定。油炸时，要用勺轻轻搅动，使之受热均匀，膨化整齐。当炸到金黄色时，迅速捞出沥干余油，然后倒入溶化了的糖液中（化糖时应尽量少放水，糖化开即可）不断搅拌，用小火使糖液中的水分完全蒸发，马铃薯片表面便形成一层透明的糖膜，完全冷却后可包装成小袋，密封袋口即成成品。

3. 马铃薯酱

如图 8-5 所示。

图 8-5　马铃薯酱

（1）原料配方　马铃薯泥 50kg，白砂糖 40kg，水 17kg，食用色素适量，食用香精 100mg 左右，粉末状柠檬酸约 0.16kg，营养添加剂适量。

（2）制作方法　先将马铃薯洗干净，除去腐烂、出芽部分，然后将皮削掉，放在蒸笼内蒸熟，出笼摊晾。再擦筛成均匀的马铃薯泥备用。将白砂糖、水放入锅内熬至 110℃ 时，将马铃薯泥倒入锅内，并用铁铲不断地翻动，直至马铃薯泥全部压散，同时要防止煳锅底。继续加热至 115℃ 时，将柠檬酸、色素加入，并控制其 pH 值为 3～3.2。此时由于温度过高需勤翻勤搅，防止结焦。用小火降温，到锅内物料至 100℃ 时，将水果食用香精和营养添加剂加入锅内，用木板搅匀后即可装罐（空罐事先要洗净杀菌后方可使用）。装罐后如不杀菌，可将罐体倒置 20min，然后贴标即为成品。

4. 马铃薯饴糖

将六棱大麦在清水中浸泡 1～2h（水温保持在 20～25℃），当其含水量达 45% 左右时将水倒掉。继而将膨胀的大麦置于 25℃ 室内让其发芽，并用喷壶每天喷 2 次水。4d 后当麦芽长到 2cm 以上时备用。同时制备马铃薯渣料：马铃薯渣研细过滤后，加 25% 谷壳，然后把 80% 左右的清水洒在配好的原料上，充分拌匀放置 1h，分 3 次上屉。第 1 次上料 40%，等上汽后加料 30%，再上汽时加上最后的 30%，待再次上汽时计时 2h，把料蒸透，然后糖化。将蒸好的料放入木桶，并加入适量浸泡过麦芽的水，充分搅拌。当温度降到60℃时，加入制好的麦芽（约占10%），然后上下搅拌均匀，再倒入麦芽水，待温度下降到54℃时，保温4h。温度下降后再加入65℃的温水没过物料，继续让其保温。经过充分糖化后，把糖液滤出，将糖液置于锅内加温，经过熬制，浓度达到40°Bé时，即可成为马铃薯饴糖。

三、荸荠的糖制技术与实例

1. 糖荸荠（苏式）

如图8-6所示。

图8-6　糖荸荠

（1）原料配方　鲜荸荠70kg，白砂糖25kg，白糖粉1.5kg，柠檬酸适量。

（2）工艺流程　选料→清洗→削皮→烧煮→漂洗→切片→再漂洗→糖渍→煮制→拌糖粉→晾干→包装→成品。

（3）制作方法

① 选料。选用苏、杭一带质地老结的大只荸荠（马蹄），剔除伤烂、病虫害、萎缩畸形及果实横径小于30mm者。

② 清洗。先将荸荠倒入清水中浸泡20~30min，再洗去附在果身上的泥污，然后用清水冲洗干净。

③ 削皮。用小刀削除荸荠两端，以削尽芽眼及根为准，再削去周身外皮，切削面要平整光滑。或用去皮机摩擦去皮（削皮后若不能及时预煮要暂时浸放在清水中）。

④ 烧煮。将清水入锅加入荸荠煮沸20min左右，荸荠与水的比例为1:1（水中可加入适量柠檬酸）。

⑤ 漂洗切片、再漂洗。将荸荠从沸水中捞出后，入清水漂洗1~2h，然后拦腰切成两半，再用清水漂洗，浸除胶质后再入锅煮沸。

⑥ 糖渍、煮制。将荸荠入缸用糖浆浸渍，然后一同倒入锅中加热煮沸，再加入干砂糖入缸进行糖渍，如此反复进行 6 次，糖液浓度依次提高，使荸荠充分吸收糖液。最后连同糖液一同入锅，用文火煮制，并不断加以铲拌，直至糖液黏稠，拉起挂丝时即可起锅，沥去糖液。

⑦ 拌糖粉。将白糖粉预先铺在竹笋内，把煮好的荸荠趁热倒入笋内拌和均匀，待冷却后即为成品。

（4）产品特点　色泽洁白，质地脆嫩，甜爽适口。

2. 荸荠蜜饯

（1）原料配方　荸荠 100kg，白糖 65kg，石灰 7kg。

（2）制作方法

① 选坯、制坯。选大小匀称的荸荠，剥去外皮，用装有金属针尖的木把在荸荠周围扎若干小眼，使糖液能渗透入坯料中。

② 灰浸、水漂。先将坯放入 7：100 的石灰水中浸泡 16h，转入清水中漂洗 4 次，每次 1h。

③ 烫、漂。将坯放入 100℃的水中烫泡 6min 后，放入清水中漂泡 6min，再放入清水中漂洗 2 次，每次 2h，再在沸水中泡 4min，用清水漂洗 3 次，每次 1h。

④ 糖渍。将坯放入蜜缸中，取 60kg 的白糖制成 40%浓度的热糖液，注入缸中，3h 后翻动 1 次，密置 16h。然后进行 3 次糖煮、糖渍：第一次 10min，糖温 103℃，密闭静置 24h；第二次 15min，糖温 105℃，密闭静置 16h；第三次 20min，糖温 107℃，密闭静置 16h。

⑤ 糖煮。将坯同糖液舀入锅中，煮 10min，使糖温达到 109℃，把坯沥干。

⑥ 上糖衣。在糖温 112℃下煮 30min，起锅滤去糖液，与白糖拌匀即成。

四、藕的糖制技术与实例

1. 藕片糖

如图 8-7 所示。

莲藕富含淀粉，组织紧密，糖渍中不易透糖。藕片糖是传统制品，具有软韧、清香、甘甜风味，但因不易透糖，糖渍过程较长。改进方法为采用加酶法及加酸法使淀粉分解，以加速糖渍过程。本品采用加酸分解法，使糖渍易于进行，使制品色泽浅淡美观。

加工工艺如下：

① 原料选用及处理。选取颜色浅淡，藕节直径在 5cm 以上的大节藕，切除藕节，充分洗净，入沸水热烫 10min，移出浸冷水中，再横切成 1cm 厚的藕片，准备浸酸液。

图 8-7 藕片糖

② 浸酸。用大量清水加盐酸调整到 pH 值为 2。加入藕片，浸渍 6～8h。然后用缓慢流水漂洗 4h，以漂洗到藕片的 pH 值为 6 时，移出，沥去水分，准备糖煮。

③ 糖煮。每 50kg 藕片用 40％浓度的白砂糖液一同入糖煮锅煮，以糖液浸没藕片为度，约用 45kg。加热煮沸到 105℃，随时加少量水维持此沸点温度 20min。再煮到沸点 110℃，加入白砂糖 10kg，迅速搅拌到开始结砂时，停止加热。在余热下不断搅拌直到结砂为止，准备补烘。

④ 补烘。把藕片置入烘盘中，入烘干机以 55℃烘到表面干燥，含水量不超过 9％为止。冷却后包装。

⑤ 成品包装。用聚乙烯袋做定量真空密封包装，外加商场盒包装。

2. 藕脯

（1）原料配方 鲜藕 100kg，白糖 70kg。

（2）工艺流程 选料→制坯→酸漂→水漂→蜜渍→复渍→收锅→成品。

（3）制作要点

① 选料。选择肉质白嫩、根头粗壮的鲜藕，切掉藕蒂，用水清洗干净。

② 制坯。将藕放入锅中加水煮沸，煮至藕稍软，用竹筷能轻轻刮掉皮时，出锅，放入冷水中浸泡，冷却后用竹签刮净皮，用刀切成 1cm 厚的藕片。

③ 酸漂。将切好的藕片放入米汤或淘米水中酸漂 7d。

④ 水漂。将酸漂的藕片放入清水中水漂 48h，每天换 4 次水。

⑤ 蜜渍、复渍。将藕坯放入蜜缸中，加入冷糖水蜜渍，第 2 天将糖水舀入锅中，煮沸至 103℃，复渍。

⑥ 收锅。第 4 天把藕坯与糖水一起倒入锅中，煮 30min，使温度达到 108℃，出锅静置。

⑦ 成品。将藕片烘干、包装，即为成品。

3. 藕干

加工工艺如下：

① 原料处理。选用藕节直径在 5cm 以上、颜色浅淡的新鲜大节藕。洗净表皮淤泥，去掉表皮、烂梢、藕节，切成 3cm×5cm 的藕块。进行护色处理，护色液主要由亚硫酸钠 0.1%、氯化钙 0.15% 和柠檬酸组成，浸泡时间一般控制在 30min 以上。然后沸水烫漂 3~5min 灭酶，以控制酶促褐变。

② 制干。挂浆液是由护色液加 5% 的淀粉组成的。淀粉要求为纯淀粉，挂浆时变性淀粉更好。采用中温中速干燥，保证产品表面平整，没有收缩现象。温度控制在 70℃ 左右，需 5h。热源用蒸汽最好，也可用热风炉。

五、菊芋的糖制技术与实例

菊芋又称洋姜（图 8-8），其肉质脆嫩，含粗纤维少，多用于加工酱菜。

图 8-8　菊芋

菊芋脯加工工艺介绍如下。

（1）工艺流程　选料→清洗→切片→浸硫→烫漂→煮制→上糖衣→包装→成品。

（2）制作方法

① 选料。选用新鲜、块形圆整、无病虫害的菊芋为原料。

② 清洗。将经挑选的菊芋投入清水中浸泡，使所沾染的泥土软化，然后将菊芋彻底刷洗干净，再用流动水冲净。

③ 切片。原料经洗净后，削去劣次及不整齐部分，并削去表皮（也可用碱液去皮），然后切成 3~5mm 厚的片状，弃去破碎及不整齐的料片。

④ 浸硫。将切好的菊芋片放入 0.2% 的亚硫酸溶液中浸泡约 3h 后，即可捞

出，用清水冲洗干净。

⑤ 烫漂。菊芋片用清水漂洗后，立即投入沸水锅中烫漂 3～5min，捞出后置于冷水中漂洗干净。

⑥ 煮制。为使糖分均匀渗入菊芋片内，避免制品渗糖不足，多采取三煮三浸的加工方法。

第一次煮制：配成浓度为 40％的糖液，将菊芋片入锅，加热煮沸 8～10min 后离火，冷却后连同糖液入缸，浸渍 12h 左右。

第二次煮制：配成浓度为 55％的糖液并加入 0.2％～0.3％的柠檬酸，将菊芋片从缸中捞出，入锅煮沸 8～10min 后离火，连同糖液入缸浸渍 4～8h。

第三次煮制：糖液浓度为 65％，可适量加入少许蜂蜜以增强制品风味。将菊芋片入锅煮 15～20min，期间可间歇煮沸，以使制品充分吸收糖分，糖液水分逐步挥发，直至糖液浓度在 70％以上时，即可端锅离火，静置浸渍 12h 左右。

⑦ 上糖衣。将白砂糖入锅，加入少许清水，加热熬成过饱和糖液，然后将煮制的菊芋片捞出，沥净糖液，倒入锅中，翻拌均匀，使菊芋片均匀地裹上一层糖衣，经晾干后即为成品。

（3）产品特点　入口酥嫩香甜，色泽洁白美观，质量极佳。

六、山药的糖制技术与实例

山药脯如图 8-9 所示，加工工艺介绍如下。

图 8-9　山药脯

（1）工艺流程　选料→清洗→去皮→切片→固化→烫漂→煮制→烘制→包装→成品。

（2）制作方法

① 选料。选用条形直顺、无腐烂的新鲜山药为原料。

② 清洗。将山药在清水中刷洗干净，去除泥污。刷洗要用流动水，以免重复污染。

③ 去皮。用不锈钢刀或竹刀刮去外表皮，并挖净斑眼，再斜切成 3～5mm 厚的薄片（也可切为条状），切片要求厚薄均匀一致。

④ 固化。切好的山药坯要立即浸入含有 0.4%～0.5% 亚硫酸氢钠的溶液中进行固化处理。溶液要浸没料坯，以免发生变色，浸泡时间约为 2～3h。浸泡后将山药片（条）捞出，用手折断，断面有一层白色外壳时即可捞出。

⑤ 烫漂。山药坯捞出后，用清水漂洗去药液及胶体，然后放入沸水锅中烫漂 5～10min，捞出后再放入清水中漂洗干净，去除黏液。

⑥ 煮制。先配成浓度为 40% 的糖液，并加入适量柠檬酸。将山药坯入锅，用文火煮沸 10min 左右，然后连同糖液一同倒入缸中，浸渍 12h 左右。如前法再分别配成 50%、60% 浓度的糖液连续进行 2 次煮制、浸渍（最后一次检查糖液浓度在 65% 以上时，即可端锅离火）。

⑦ 烘制。将山药坯捞出，沥净糖液，摊放在烘盘上送入烘房，用 60～65℃ 的温度烘 30h 左右，待果坯表面不粘手，含水量约为 20% 时即可取出。

⑧ 包装。待制品冷却后，经包装即为成品。

（3）产品特点　色泽美观，质地细腻，口味香甜。不仅营养丰富，而且还有一定的药用价值。

七、大蒜的糖制技术与实例

白糖蒜如图 8-10 所示，加工工艺介绍如下。

图 8-10　白糖蒜

本工艺适用于以大蒜为原料，经盐渍、糖渍等工艺制作的白糖大蒜。

（1）原料及辅料

① 原料。鲜蒜头，质地嫩脆，肉色纯白。蒜头直径在 4cm 以上，瓣数 6～7 瓣，为紫皮大蒜。

② 辅料。食盐：应符合 GB 2721—2015《食品安全国家标准 食用盐》的规定。白砂糖：应符合 GB/T 317—2018《白砂糖》的规定。

③ 配比。鲜大蒜 100kg，食盐 11kg，白砂糖 50kg。

（2）工艺流程

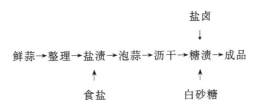

（3）制作方法

① 整理。先将鲜蒜头的外层老皮剥去 1～2 层，保留嫩皮 2～3 层。剪去过长的茎，保留长度 1.5cm 左右，切平茎盘。

② 盐渍。经整理分类的蒜头，每 100kg 鲜蒜用盐 6kg。按层蒜层盐，下少上多的方法盐渍，经 12～18h 后开始转缸，每天转缸一次，灌入原卤。遇天气闷热时，早、晚各转缸一次，每次转缸完毕，要在蒜的中部扒成凹塘，以便散热，并集聚菜卤。午后，再用塘内菜卤回淋蒜头。6～7d 后即可。

③ 泡蒜。经盐渍过的蒜头用三倍的清水浸泡，3d 后开始换水，以后每天换水一次，打耙一次，期间换水六次，浸泡 8～9d 即可。

④ 晾干。将泡好的蒜头捞出沥去余水，摊放在室内席上，晾至无明水，然后撕掉浮皮。蒜头摊放厚度不得超过 5cm，经 8～12h 左右即可。

⑤ 糖渍。盐卤配制：每 100kg 咸蒜坯，用水 20kg，溶解食盐 5kg，加热至 100℃，冷却备用。装坛：将空坛洗刷干净，沥干明水。每 100kg 蒜坯加糖 50kg。层蒜层糖装入坛内，装至七成满，灌入冷却的盐卤，扎紧坛口，放在阴凉通风处，使蒜坛斜卧在方木上，坛身与地面成 15°夹角。每天滚坛两次，每次滚 2～3 圈。7d 以后每天滚坛一次，一个月以后每 3d 滚坛一次。期间每天夜间开坛放气一次。60d 后停止滚坛，再经两个月即为成品。

（4）成品感官质量要求

① 色泽：皮肉均为乳白色，有晶莹感。

② 香气：有白糖蒜特有的香气。

③ 滋味：纯正，微辣，甜味纯。

④ 体态：蒜头圆整，无破瓣。

⑤ 质地：脆嫩，无杂质。

第二节　地上茎类蔬菜的糖制技术与实例

茎用莴苣的糖制技术与实例

1. 莴苣脯

如图 8-11 所示。

图 8-11　莴苣脯

（1）工艺流程　原料选择→硬化处理→预煮→糖制→烘烤→包装。

（2）操作要点

① 原料选择。选发育良好、个体较大的莴苣进行充分洗涤，削去茎的外皮，切去根部较老的部位和上部过嫩的部分，切成长 4cm、宽 2cm、厚 1cm 的长条。

② 硬化处理。一般采用石灰水浸泡。每 100kg 清水放入石灰 3kg，搅拌均匀后取其上清液，将莴苣条浸泡其中，12h 后捞出，放入清水中充分漂洗 10～12h，中间换水 2～3 次。最后捞出沥干水分备用。

③ 预煮。将莴苣条倒入煮沸的水中，加热煮制 5～8min，捞出放入冷水中冷却。冷却后捞入含亚硫酸钠 0.2％ 的护色液中浸泡护色。

④ 糖制。分糖渍和糖煮两步完成。糖渍：配制 50％ 的糖液并煮沸，加入适量的柠檬酸，然后倒入放有莴苣条的浸缸中，浸泡糖渍 2d。糖煮：将莴苣条捞出，浸渍液调整浓度为 50％，煮沸后加入浸渍过的莴苣条，沸腾 3～5min 后加入适量的白砂糖，使糖液浓度达到 60％ 以上，再次加热煮沸 15～25min，至莴苣条有透明感时出锅。连糖液带莴苣条一起入缸浸泡 24h。

⑤ 烘烤。将糖制好的莴苣条捞出，沥净糖液后均匀地摆在烘盘上，送入烘房烘烤。在 65～70℃ 条件下约烘 12～16h，手摸不粘手、水分含量在 16％～18％ 时出房。注意烘烤过程中隔一定时间要进行通风排湿，以利于干制，并进行 1～2 次倒盘，以使干燥均匀。

⑥ 包装。烘好的产品，放入 25℃ 左右的室内，回潮 24h，检验修整，用食品袋按一定规格包装，贮存。

2. 蜜饯莴笋条

莴笋，在我国各地均有生长，夏初上市，不但价格便宜，可直接食用，而且还能制成蜜饯莴笋条，以调节淡季食品加工的不足，有较好的经济价值。

(1) 原料配方 新鲜莴笋 60kg，白砂糖 50kg，糖粉 10kg，石灰 2.5kg，山梨酸 0.05kg。

(2) 制作方法

① 原料选择。选用不老不嫩的莴笋，过老、过嫩的不用。

② 切条。先把莴笋外皮削去，修复平整，然后切成长 5cm、宽 2.5cm 的条坯。

③ 灰浸。把条坯放入 5％ 的石灰清液中浸泡 12h，然后用清水洗掉残余石灰。

④ 烫条。把锅中水烧开，将条坯放入，再烧开 15min，然后捞入冷水中冷透。

⑤ 喂糖。将冷透的条坯捞出，和总量 70％ 的白砂糖一起放入锅中，待白砂糖溶化，煮沸，然后喂糖 20min，即可起锅。

⑥ 浸渍。将条坯连同糖液放入缸中，浸渍 3d，待其慢慢吸收糖液。

⑦ 煮坯。把条坯、糖液出缸，重新放入锅中，并添加剩余 30％ 的白砂糖。先用大火，后用中、小火煮，大约需 90min，待煮至条坯内外渗透停止，达到饱和状态时为止（即糖液浓厚，能拉丝）。

⑧ 防腐。把煮好的条坯放入锅中，加入山梨酸防腐剂防腐。

⑨ 上糖衣。将添加防腐剂的条坯捞出，沥去多余糖液，放到糖粉中翻拌均匀，然后筛除多余糖粉，放在案板上晾凉。

⑩ 包装、入库。按照质量要求，剔除残次品，然后分别以 250g 和 500g 装入食品袋中，最后用防潮纸箱包装入库。

第九章　叶菜类蔬菜的糖制技术与实例

09 Chapter

一、芹菜的糖制技术与实例

1. 芹菜脯

（1）工艺流程　选料→切分→硬化→漂洗→真空浸糖→干燥→成品。

（2）操作要点

① 选料。选质地脆嫩、无渣、大小一致的新鲜芹菜，并剔除病残植株，去根叶。

② 切分。洗净后切成4～5cm的小段（图9-1）。

图9-1　芹菜

③ 硬化。在沸水中浸泡0.5～1min，立即冷却，倒入浓度为0.8%的石灰水中，浸泡9～11h。

④ 漂洗。换清水漂洗数次，并沥干水分。

⑤ 真空浸糖。将原料倒入真空浸糖机，然后注入煮沸5～10 min 的 40%的糖液，在80～90kPa真空下保持1h。在原糖液中浸泡8～10h，捞出沥干，调整

糖液浓度至 65％。同时加入糖液重 0.2％的柠檬酸，捞出沥干。

⑥ 干燥。摊晾在烘盘上，烘房温度 65℃，时间 15～20h 即可。

（3）质量标准　色泽翠绿一致，呈透明状，大小均匀，清香可口，甜而不腻，无异味。

2. 低糖芹菜脯

（1）工艺流程

溶胶配制
↓

原料胶
调叶料 ｝原料→预处理→高温杀菌、定色→硬化→匀色→漂洗→减压浸胶→

中温糖煮→浸糖→热风沥糖→烘烤→包装→质检→产品
　　↑　　↑
　转化糖　补味剂

（2）操作要点

① 预处理。选择鲜嫩、肥壮、叶柄长的芹菜为好，剔除叶和柄梢直径 3mm 以下部分，以及须根明显、木质化和病斑部分，认真清洗，切勿在基部叶鞘留有砂渍，待沥干后用无锈刀将其分切成 3cm 左右长度的小段。

② 高温杀菌、定色。把芹菜在沸水中处理 10～30s。

③ 硬化。配制 0.5％鲜生石灰乳浊液，浸渍芹菜段 6～12h，每小时翻动 1 次，使其均匀硬化。

④ 匀色。硬化后的材料经清水洗涤，其中幼嫩材料会出现锈头（褐色斑点），应配制 80～200mg/kg 的亚硫酸钠溶液，处理 3～5min，使之匀色。

⑤ 漂洗。洗涤除尽材料中残余 Ca^{2+} 和 SO_3^{2-}，使 pH 值达到 7 即可。

⑥ 减压浸胶。预先配制 0.2％～0.5％的魔芋溶胶，并加入适量的调味剂（NaCl），将经以上工序之后的材料置入盛有魔芋胶液的容器内进行减压浸胶，真空度为 $8.26×10^5$～$9.06×10^5$Pa，浸胶时间 20～30min，浸胶温度 40～60℃。

⑦ 中温糖煮。先将蔗糖溶液在柠檬酸作用下转化为 38.2％的糖液，将材料与糖液按 1∶1.5（体积比）先后置入减压装置，保持温度 60℃，容器内呈沸腾状，保持 40min 左右，真空度为 $8.66×10^5$～$9.33×10^5$Pa。

⑧ 浸糖、补味。将中温糖煮之后的材料在原糖液中浸泡 10～12 h，将剔除的鲜芹菜的叶、柄梢及根充分洗涤干净后，采用水蒸馏法获得补味剂（得率约 0.5％），把所得补味剂均匀调入浸糖液中与之共渍即可，用量为原材料质量的 0.1％～0.3％。

⑨ 热风沥糖。浸糖之后滤去糖液。由于糖液黏稠度较大，一时难以沥净，可将材料摊于筛网上用热风吹沥，至材料表面基本无糖液。

⑩ 烘烤。将沥去糖液的材料均匀平铺在烘盘上，送入热风恒温干燥箱，保

持 60℃烘烤 12～14h，期间 6h 翻盘 1 次，8h 后第 2 次翻盘。

（3）质量标准

① 感官指标。

色泽：鲜绿或淡绿色，无杂质，呈半透明状，表面稍有光泽。

组织与形态：为长 3cm 左右的圆条，有韧性，久置不返砂，不吸潮。

香气：芹菜特有的香气。

滋味：味道纯正，香甜适口，无异味，无杂质。

② 理化指标。总糖 45%～48%，其中还原糖含量低于 40%，含水量低于 20%。

二、马齿苋的糖制技术与实例

马齿苋（图 9-2）属马齿苋科一年生肉质草本植物，属可药可食的一种野菜。现代医学证明，马齿苋对费氏痢疾杆菌、大肠杆菌及金黄色葡萄球菌均有抑制作用；对子宫有明显的兴奋作用，能收缩子宫、抑制子宫出血。传统医学记载，马齿苋可"益气，消暑热，宽中下气，润肠，消积滞，杀虫，疗疮红肿疼痛"。

图 9-2　马齿苋

马齿苋脯的制作根据马齿苋含水分高的特点加工而成，加工工艺介绍如下。

（1）工艺流程　选料→去杂清洗→切段烫漂→糖制→冷却包装→成品。

（2）操作要点

① 选料。选取未被污染的新鲜马齿苋为原料，不宜太老，也不宜太嫩，太老纤维多，口感差；太嫩不耐煮，易软烂。

② 去杂清洗。用剪刀从根部以上 2cm 处剪去菜根，同时摘掉太嫩的枝叶，

放入水中清洗干净后沥干水分。

③ 切段烫漂。将菜体剪成 5cm 左右的小段，放入 95℃热水中烫漂 90s。烫漂时要上下翻动，烫匀烫透。

④ 糖制。将料丝装入网袋中，先在热糖液中煮制 4～8min，然后取出立即放入冷糖液中浸泡，这样交替进行 4～5 次，并逐步将糖液浓度从 30％提高到 55％以上，待料丝透糖彻底，有较强的弹性和透明感时即可取出沥糖。

⑤ 冷却包装。糖制后的料丝经充分冷却即可定量包装。注意密封，防止吸潮或被污染。

⑥ 成品质量。料丝整齐，透明有光泽，弹性好，甜度适中，含糖≥35％，水分 25％，符合国家卫生要求。

第十章 果菜类蔬菜的
糖制技术与实例

第一节 瓠果类蔬菜的糖制技术与实例

一、冬瓜的糖制技术与实例

冬瓜的特性是风味清淡、组织肥厚、无特殊气味，适于作为各种糖渍品的原料。但其组织富含半纤维素，不耐久煮。在加工煮制时，必须经浸灰固化，使半纤维素与果胶结合为不溶性果胶钙盐，以便于加热煮制。浸灰必须透到组织中心部，否则中心部不透灰将部分软烂，使制品形成回心，可用pH试纸测试瓜条中心横切面，到全部呈碱性反应为止。

1. 果汁瓜

如图 10-1 所示。

图 10-1　果汁瓜

冬瓜风味清淡，单纯用白砂糖进行糖渍的制品，只感白砂糖的单纯甜味，是一缺点。利用各种果汁配合冬瓜进行糖渍，可使平淡的冬瓜兼带各种果汁风味，以克服冬瓜糖渍品的缺点，从而制得风味较好的制品。本品为蜜柑果汁配合冬瓜糖渍而成。

加工工艺如下：

① 原料处理。冬瓜削皮、除心、切碎。加同量 10％的澄清石灰水一同入打浆机打成水浆。导入离心分离机中甩除水分，取浆肉备用。选用成熟的温州蜜柑去皮，入打浆机打成细浆，连同浆汁一起备用。

② 配合煮制。每 50kg 冬瓜浆肉加白砂糖 36kg，加蜜柑浆汁 30kg，入糖煮锅加热缓缓搅拌，煮到汁液干时，停止加热。移到撒有薄层糖粉的平台上，表面加撒糖粉，压制成 2cm 薄块，入烘干机补烘干燥。

③ 补烘成型。以 60℃补烘。趁软分切成 2cm×4cm 的小条块，再烘至干燥，冷却后包装。含水量不超过 6％。

④ 成品包装。以聚乙烯袋做 100g、200g 定量密封包装，外加商标纸盒包装。入袋密封前以柑橘香精油对制品轻轻喷雾一次，随即入袋包装。

2. 陈桂香瓜

本品由冬瓜与陈皮、肉桂、丁香配合糖渍而成，是瓜类凉果制品的典型糖渍品。

加工工艺如下：

① 原料处理。冬瓜去皮去心后，切成 1.5cm 见方的小方粒，投入饱和澄清石灰水中泡渍 6h。捞出，沥去余水，用清水漂洗后，每 50kg 瓜粒与 50％浓度的白砂糖液同入糖煮锅中，加糖液到浸没瓜粒为止，加热煮沸，煮到沸点 126℃时，停止加热，缓缓搅拌到温度降到 100℃左右时，移入烘盘中，于烘干机以 65℃烘到瓜粒干燥。移出，冷却后备用。

② 加料酱煮。每 50kg 冬瓜糖粒加陈皮酱 50kg、肉桂粉末 300g、丁香粉末 100g、苯甲酸钠 80g、柠檬酸粉末 150g、麦芽糖浆 15kg，一同入锅，缓缓加热炒拌到全部溶解混合后，煮至呈浓稠酱状，停止加热。放冷后，准备包装。

③ 成品包装。每 2 粒瓜粒拌以陈皮酱混合，用玻璃纸包裹，再用商标纸单粒包裹，外用聚乙烯袋做 50g 或 100g 小袋密封包装。每 5 小袋用纸盒做定量商标纸包装。

3. 冬瓜糖

如图 10-2 所示。

本品是传统制品，大量用于作饼馅配料，特别多用于中秋节的广式月饼馅中，故在中秋节前的销量最大，为群众熟悉的制品。

图 10-2　冬瓜糖

加工工艺如下：

① 原料处理。冬瓜去皮、去心。分切成 1cm 厚的薄片，再切成 1.5cm×3.5cm 的条状小片，投入多量饱和澄清石灰水中浸泡 8～12h。移出，用多量清水漂净，移出，沥干水分，准备糖煮。

② 糖煮。每 50kg 冬瓜片加 40% 浓度的一级干燥白砂糖液 50kg，入糖煮锅加热煮沸。以随时补加少量清水维持沸点 102℃ 15min，然后使沸点上升到 104℃，维持 15min，再使沸点升到 106℃ 维持 10min，补加白砂糖 10kg，缓缓煮沸到 128℃，停止加热，不断搅拌至渐次结砂。冷却后移入烘盘中散开，进行补烘。

③ 补烘。以 55～60℃ 补烘至干燥，含水量不超过 6%，冷却后包装。

④ 成品包装。以聚乙烯袋做 100g、200g 定量密封包装。

4. 冬瓜条

(1) 原料配方（产品 100kg）　冬瓜 170～180kg，白糖 83～84kg，壳灰（石灰）10～12kg，低亚硫酸钠（保险粉）100～200g。

(2) 工艺流程　选瓜（选肉厚、坚实的冬瓜）→弃皮（稍带青色）→切条（长 40mm，高宽 8mm、10mm 或 12mm）→腌灰水（pH 值 12～13，24 h）→漂水（24h，换水 8～10 次，至 pH 值为 7）→热烫（煮开，放保险粉）→冷却（24h，换水 2～3 次）→浸糖（糖水不低于 37°Bé，24h）→糖煮（用 30°Bé 糖水，煮 4h，最终糖水浓度达 39～40°Bé）→成品（干燥 24h，返砂，成品）→包装。

(3) 感官指标

① 色泽：洁白，呈半透明，贮藏 1 个月后变为不透明。

② 形态：四方长条状，表面干燥，糖霜面均匀且无连接块，长 40mm，高宽 8mm、10mm 或 12mm 三种规格，内销完整条达 60% 以上，外销要求完整条达 100%。

③ 组织：糖液饱满均匀，肉质柔嫩带脆，食时无明显粗纤维。

④ 滋味：清甜，具有本品应有的风味，无异味。

⑤ 理化指标：总糖含量 75%～78%，水分含量 16%～20%。

⑥ 微生物指标：无致病菌及微生物作用所引起的发酵、发酸、霉变等现象。

⑦ 保质期：从产品交库日期算起 3 个月。3 个月内不允许返潮、熔化、发酵、霉变。

5. 冬瓜蜜饯

（1）原料配方　鲜瓜 100kg，白糖 60kg，石灰 3kg。

（2）制作方法

① 制坯。去皮、去瓤，可切成冬瓜条、冬瓜片，截成冬元、冬梅等形状。

② 灰浸。将瓜坯倒入灰水中，上下翻动，浸一夜。

③ 水漂。将瓜坯舀入清水中，每隔 2h 换一次水，共换 3 次。

④ 燎漂（燎坯和水漂）。将瓜坯倒入盛有 80℃水的锅内，煮沸后燎 15min，然后舀坯入清水中漂一夜，次日换一次清水漂一天。

⑤ 糖渍。将糖水倒入瓜坯中，4h 后翻动一次，渍一天。

⑥ 起货。次日，将瓜坯同糖水舀入锅内，中火煮 40min，糖温在 112℃，舀起滤干，上糖衣即为成品。

6. 糖冬瓜（广式）

（1）原料配方（成品 100kg）　青皮厚肉大冬瓜 150～160kg，白砂糖 85kg，蚬壳灰 8～10kg。

（2）制作方法

① 原料处理。冬瓜去皮、去瓤，切成 13cm×3cm×3cm 的长条。置于蚬壳灰溶液（蚬壳灰 8～10kg、清水 50kg）中浸泡 8～10h，取出洗净，用清水浸泡，每隔 2h 换水一次，约换水 5 次，至冬瓜白色透明便可捞出，用清水煮沸 1h，沥干备用。

② 糖渍。将冬瓜分 6～7 次放入容器，每放一层面上加一层白砂糖覆盖，用糖量共 40kg，腌渍 48h。

③ 糖煮。分三次进行，糖煮过程要翻动。每次糖添加量：第一次 13kg；第二次 12kg；第三次 12kg；最后加入白砂糖粉 8kg。具体操作为：第一次将冬瓜条连同糖液倒入锅中，煮沸 10min 加糖，加糖后再熬煮 1h（煮的过程要去掉糖泡），倒回容器浸渍 4～5h。第二次糖煮的方法与第一次相同。第三次糖煮时稍慢火熬至糖浆滴在冷水中成珠不散，迅速取出冬瓜放在打砂锅里，加入糖粉不时翻动拌匀，至冬瓜条表面呈一层白霜，取出，冷却后即为成品。

7. 红绿瓜丁

（1）工艺流程　选料→清洗→去籽→盐渍→切制→漂洗→染色→煮制→冷却→包装→成品。

（2）制作方法

①制坯。选用新鲜菜瓜为原料。用清水洗净后，剖开去籽粒，然后加盐制成坯。

②切制。将瓜坯根据需要不同切成各种形状，如丁、片、条、圆及其他各种花形。

③漂洗。将瓜坯放入清水中，反复漂洗数次，直至将盐分基本脱去。

④染色、煮制。取白砂糖及适量食用色素（可根据需要加入各种不同颜色）与瓜坯拌和均匀，然后放入锅中，加热煮沸，煮至瓜坯呈透明状而且色泽鲜亮时，即可捞出，沥去糖液。

⑤冷却、包装。冷却后，将制品分装于玻璃罐中即为成品。

（3）产品特点　色泽鲜艳，质地透亮。多用于糕点、甜食配色之用。

8. 冬瓜脯

如图 10-3 所示。

图 10-3　冬瓜脯

选取 10～15kg 左右、肉质紧密的成熟冬瓜。用清水洗净后，刮净外皮，掏去籽瓤，先将瓜肉切成宽 10cm 的瓜圈，再切成 1.5cm 的小瓜条。将瓜条倒入浓度为 0.6％的石灰水中浸泡 9h 左右，使瓜条硬化。用清水漂洗 3～4 次后，倒进沸水中漂烫 6～7min，至瓜肉呈透明状时取出，再用清水漂洗 3～4 遍，用清水再泡 1h 后捞出，沥干。按每 20kg 瓜条加 5kg 白糖的比例，将瓜条放入缸中糖渍 8～9h 后，再加白糖，使糖液浓度达 40％，浸 8～10h，接着加白糖至含糖量达 50％，然后煮沸浓缩，至糖液浓度达 75％左右出锅，沥干糖液。将瓜条送入烘房干燥，温度不超过 60℃，干后取出，放进木盆，按每 20kg 瓜条加 200g 白砂糖的比例，拌进白砂糖粉，再用筛子筛去多余糖粉即成。

二、苦瓜的糖制技术与实例

苦瓜脯

如图 10-4 所示。

图 10-4 苦瓜脯

（1）工艺流程 苦瓜→清洗→切分、去籽→切块→硬化→漂洗→热烫→糖制→沥糖→冷却→真空包装。

（2）工艺要点

① 硬化和漂洗。将切好的瓜块投入 1% 的石灰水中浸泡 4h，硬化瓜肉。硬化后的瓜块必须用清水漂洗干净，直至无石灰味、瓜肉呈中性。

② 糖制工艺。可采取常压速煮和真空糖煮。常压速煮法简便易行，将瓜块装入网袋中，先在热蔗糖液中煮制数分钟，取出置于冷蔗糖液中浸泡，如此交替进行 4~5 次，同时逐步将蔗糖液浓度从 30% 提高到 55% 以上。待瓜块彻底透糖时即可取出沥糖。若采用真空糖煮则效果更好，先将瓜块用 25% 稀蔗糖液煮制数分钟，再放入冷蔗糖液中浸 1h 左右，然后置于 40%~50% 的蔗糖液中真空熬煮 5min 左右，即可取出放入冷蔗糖液中浸 1h，然后捞出沥糖。

（3）产品特色 成品形态整齐、饱满，呈晶莹透亮的浅黄色，具有苦瓜的清香，口感爽脆，甜中略含苦味，后味甘凉，是一种良好的休闲小食品。

三、南瓜的糖制技术与实例

1. 南瓜泥

如图 10-5 所示。

加工工艺如下：

① 原料处理。选用肉质厚、纤维较少、含糖量高、色泽金黄的成熟南瓜作为原料。削去外部坚硬带蜡质的果皮，剖开后除去瓜瓤和种子，再切成小块。按每 100kg 的瓜肉小块加水 50kg 煮沸，使之软化。然后用打浆机打成浆状。

图 10-5　南瓜泥

② 加糖浓缩。按每100kg南瓜泥浆加白糖45kg、柠檬酸0.6kg，置于双层锅内，加热煮制浓缩，且煮且搅，直至含糖量达到64%～65%时，即到终点，可以出锅。

③ 装罐杀菌。将浓缩后的南瓜泥倾入不锈钢桶中，加入4g柠檬香油（先用95%的酒精20g把柠檬香油溶解，然后再加入），趁热装罐，立即密封。再在100℃沸水中杀菌20min，即成南瓜泥罐头制品。

2. 南瓜脯

如图10-6所示。

图 10-6　南瓜脯

南瓜脯含有南瓜素，具有一定的药用价值。产品要求比较透明，呈红棕色，湿润，入口化渣。

加工工艺如下：

① 原料去皮、切片。选用棕红色的老南瓜为原料，去皮，破半，去籽瓤，切成厚为0.4cm左右的瓜片。

② 硬化。先配制 2% 的石灰水，过滤，取其上清液，然后将南瓜片投入，浸 4～8h 使之硬化，再用清水漂洗至中性。

③ 预煮。每 50kg 水加柠檬酸 150g 煮沸，将瓜片投入并维持沸腾 10min，然后捞出投入冷水中冷却。这一步是去掉南瓜臭味的关键。

④ 糖渍、糖煮。每 50kg 瓜片用 15～20kg 白糖浸渍 24～36h，之后连同糖水一起入锅煮沸 10min，冷浸 24h，将糖水浓缩至一半，再浸 36h。

⑤ 晾干、包装。将南瓜投入 60℃ 的水中热煮 3s，晒干后用抽真空包装机封装。若要煮成返砂的产品，则每 50kg 瓜片用 40kg 白糖，煮法同冬瓜条加工的相应步骤。

注意事项：预煮时一定要放柠檬酸，否则臭味、腥味不能去掉。

第二节　浆果类蔬菜的糖制技术与实例

一、辣椒的糖制技术与实例

蜜辣椒（川式蜜饯）加工工艺介绍如下。

（1）原料配方　鲜辣椒 70kg，川白糖 50kg，石灰水适量。

（2）工艺流程　选料→清洗→制坯→灰漂→水漂→燎坯→喂糖（三次）→收锅→起货→上糖衣→成品。

（3）制作方法

① 选料。选用伏天采收的灯笼状、牛角形大辣椒为佳。要求柄蒂完好、色泽鲜红、肉质硬实、无虫眼、大小均匀。

② 清洗、制坯。辣椒用清水洗净。用果刀顺体略斜划一道 3cm 左右长的小口（长短可视辣椒大小灵活掌握），将辣椒籽取净，蒂把保持完好。

③ 灰漂。配成含石灰 4% 的石灰水，将辣椒浸于石灰水缸内，并用篾席复于水面，上面加压重物，浸泡 4h 左右。经检视辣椒剖面略呈黄色，手捏略有硬度时，即将辣椒捞出，倒入清水中清漂。

④ 水漂。清漂时，每隔 1h 要换水 1 次，时间为 8h 左右，将灰渍与灰汁漂净为止。

⑤ 燎坯。将漂洗后的辣椒坯倒入沸水锅内，待水再沸时，即可将辣椒坯捞出。再置于清水缸内浸漂，期间每隔 1h 左右换 1 次清水，需连续进行 3～4 次。

⑥ 喂糖。喂糖分三次进行。先将川白糖、清水入锅加热溶化配成浓度为 40% 的糖液，待冷却后入缸，并将辣椒坯浸泡在冷糖液中。浸泡 24h 左右，将辣椒捞出，糖液加热至沸，第二次将辣椒浸入（糖液不足可及时添加），仍浸泡 24h 左右。第三次喂糖同第二次。经检视辣椒吸糖充足，体形饱满即可。

⑦ 收锅。将喂糖后的辣椒坯连同糖液舀入锅内，煮制 30min，待糖液浓度为浓缩至 60％时即可起锅入缸继续静置蜜渍。

⑧ 起货。辣椒坯需蜜渍 7d 以上，然后加入浓度 35％的糖液，用中火煮制，待糖液浓度达到 70％左右时，即可将辣椒坯捞出，沥去多余糖液。

⑨ 上糖衣。将辣椒坯冷却至不烫手时，即可上糖衣（上糖衣要均匀一致，切口处沾有糖粒）制为成品。

（4）产品特点 呈辣椒原状，体表色泽红亮，糖衣色白如雪，红白相衬，艳丽喜人。口味细腻滋润，纯甜清香，微有辣味，十分鲜美。

二、番茄的糖制技术与实例

1. 糖番茄

番茄（图 10-7）是人们喜爱的果菜，但它不耐贮藏和运输。如加工成糖番茄，则可较长时间保存。糖番茄，状如饼块，颜色鲜红，美观，味甘爽口，具有独特风味。

图 10-7　番茄

（1）制作方法

① 选料。选用果型端正、圆形、中等大小、无病虫害的完全成熟番茄。

② 清洗划缝。将番茄洗净去蒂，用刀片在果身中部对划四道口子，然后压扁。

③ 硬化处理。把划好缝的番茄放入浓度为 5％的石灰水中，浸泡 3～5h 后捞出放入清水中不断冲洗，除尽石灰味，捞出滴干水分。经过这样的处理，番茄果实稍为硬化。

④ 糖浸。将经过处理的番茄放入浓度为 50％的糖液中浸泡 1d，糖液浓度将会下降，要加糖使浓度达到 30％，再糖渍 1d，然后再加糖使其浓度增至 40％，继续糖渍 1d，第 4 天继续加糖使糖液浓度增至 50％，第 5 天加糖使其

浓度增至55％，第6天浓度增至60％，仍继续糖渍，当番茄果实内部含糖量达60％时，可把番茄捞出，放入沸水中烫漂1~2s，洗去果实表面的糖分，使之不粘手。

⑤ 烘干。将经过糖渍的番茄放在60℃的温度下烘烤8h即成。用塑料薄膜袋包装，贮藏在阴凉通风处，可保存半年不变质。

（2）产品特点　这种制作技术，成本低，成品色形味俱佳，所含维生素值仅比鲜果少12％~15％。

2. 番茄脯

番茄营养丰富，番茄加工成酸甜可口的番茄脯，是深受人们欢迎的营养食品。

（1）工艺流程　原料→挑选→清洗→成型→硬化处理→清水漂洗→沥干→冷渍法糖浸→干燥→包装→成品。

（2）制作方法

① 选料。选取健全、无病虫害、中等大小（直径4cm左右）、圆形的成熟番茄，成熟度最好是坚熟期，这时果实饱满，颜色鲜红。

② 清洗、成型。清洗后，除去果蒂，用刀片在果实周围划4~6道小缝，稍加压，去掉部分种子和汁液而使番茄饼状。

③ 硬化处理。用0.5％石灰水浸4h。再用清水漂洗，除去石灰味，捞出沥干。

④ 冷浸法糖制。第1天，原料用浓度为40％的糖液浸泡，糖液需没过原料表面。第2天，把糖液抽出，加热浓缩至30％~35％（原料不直接加热），再把浓缩的糖液倒回原料中继续浸泡。第3天，与第二天操作相同，糖液浓缩到40％~42％，原料继续浸糖。第4天，糖液浓缩到45％~48％。第5天，糖液浓缩到50％~55％。第6天，糖液浓缩到60％。第7天，糖液浓缩到60％~65％。把糖液加热浓缩后，加入0.5％柠檬酸（以糖液重或原料重计）浸泡一天，这时果肉已吸饱糖分，而呈透明状态。

⑤ 干燥。在60℃下烘到含水量20％。

⑥ 包装。用胡萝卜形食品袋包装，2~3个成品一小袋，250g装一袋也可以。

（3）产品特点

① 产品规格。入口爽脆，具有番茄芳香，甜度适宜，成品表面透明、有光泽、鲜红，含水量18％~20％，总糖60％~65％，酸量0.5％~0.7％。于室温下可保存3个月以上（不加任何防腐剂）。

② 卫生指标。细菌总数190~700个/g，无大肠杆菌，无致病菌。

辣味番茄脯，此类产品在选料后加一道去皮工序：用95℃左右热水烫漂

1min，立即放入冷水中削皮或用蒸汽去皮法。糖浸液采用40%糖液，并加2%姜片，其他工序相同。

3. 蜜番茄（川式）

（1）原料配方　鲜番茄115kg，川白糖50kg，食盐1.5kg，石灰1.5kg。

（2）工艺流程　选料→制坯→盐腌→灰漂→水漂→燎坯→喂糖→收锅→起货→上糖衣→成品。

（3）制作方法

① 选料。选用形态完整、果形大小均匀一致、无疤无虫、九成熟的朱砂番茄为宜。

② 制坯。将番茄用清水洗净，沥去浮水，然后摘去蒂把，用专用针具在番茄外表均匀地进行刺孔，再用专用刀具沿番茄周身划8~12刀，制成果坯。

③ 盐腌。将果坯加入食盐1.5kg腌制1~2h后，用手工轻轻挤压，去除汁液及籽粒。

④ 灰漂。用石灰1.5kg加入清水配为石灰水（加水量以能浸泡果坯为度），将果坯放入石灰水中浸泡6h左右，待果坯颜色转黄，果肉略硬时即可捞出。

⑤ 水漂。用清水漂洗坯料，除去石灰味，捞出沥干。

⑥ 燎坯。将水漂后的坯料入沸水锅内燎煮3~4min，随即捞入清水缸内，继续清漂12h左右，期间换水2~3次，以漂净石灰水为度。

⑦ 喂糖。喂糖需分3次进行，先将番茄坯浸入浓度为60%的冷糖液内，浸渍24h，然后连同糖液一同舀入煮锅煮制5min左右，再置于缸内浸渍24~48h，再连同糖液舀入锅内煮沸，经5min左右，添加适量糖液后，再入缸浸渍24h，然后进行煮制。

⑧ 收锅。将喂糖后的坯料连同糖液置于锅内，用中火煮制1h左右，煮制中用木铲适当搅动，待糖液浓度达到65%，番茄坯呈透明状时，即可端锅离火，连同糖液倒入缸中静置蜜渍。

⑨ 起货。待番茄汁蜜渍7d后，用中火再煮制1h左右，经检视番茄坯进糖饱满透明，即可捞出，待稍冷后上糖衣即为成品。

（4）产品特点　呈扁圆形，色泽红亮晶莹，味纯甜而微酸，有浓郁的原果风味。

4. 姜味番茄脯

（1）制作方法

① 选料。应选用中等大小、圆形或圆筒形、无病虫损伤、成熟的番茄果实作原料。

② 去皮。把选好的番茄先投入95℃左右的热水中，浸烫1min后取出立即投入冷水中，剥皮。

③ 石灰水浸泡。把去皮番茄用 0.5％的石灰水浸 4h，再用清水漂洗，除去石灰味，捞出沥干。

④ 糖渍。先配制 40％的糖液，再加入 2％的姜泥（鲜生姜捣碎），调制成糖姜汁；再把沥干水分的番茄浸泡 8d。浸渍时，每天应把糖姜汁倒入锅中浓缩一次，在加热前捞出番茄，加热后放入继续糖渍浓缩，指标为：第 2 天糖液浓度为 30％～35％；第 3 天 40％；第 4 天 42％～45％；第 5 天 45％～48％；第 6 天 48％～52％；第 7 天 52％～55％；第 8 天 55％～60％。最末次浓缩后，按番茄重的 0.4％～0.5％在糖姜汁中加入柠檬酸，再将番茄糖渍 1d。

⑤ 烘干。番茄糖渍 8d 后，呈半透明状，吸足了糖分，即可从糖姜汁中捞出放入烘房烘烤，当含水量降至 20％时即成。

⑥ 包装。用玻璃纸包装后即为成品。

（2）产品特点　呈深红色，透明若水果糖，含水量为 20％，含酸 0.5％～0.7％，入口爽脆有辣味，甜酸可口。有兴奋、发汗、开胃等功能，保存期可达 3 个月以上。

5. 番茄酱

如图 10-8 所示。

图 10-8　番茄酱

（1）工艺流程　原料选择→清洗→修整→热烫→打浆→加热→浓缩→密封→杀菌→冷却→成品

（2）制作要点

① 原料选择。选择充分成熟、色泽鲜艳、干物质含量高、皮薄肉厚、籽少的果实为原料。

② 清洗、修整。洗净果面，切除果蒂及绿色和腐烂部分。

③ 热烫。番茄入沸水中热烫 2～3min，使果肉软化，便于打浆，并可提高浆的稠度。

④ 打浆。将热烫后的番茄通过罗筛或打浆机，打碎果肉，同时通过罗筛或

打浆机除去番茄果皮、种子及其他杂物等，使浆汁尽可能细腻。打浆机所用筛板孔径以 1.0mm 左右为宜。若制作带种子的番茄酱，可在热烫后去皮，不经打浆，直接放入锅中软化并加热浓缩。

⑤ 加热浓缩。浓缩时可用不锈钢锅、搪瓷锅等，不要用铁锅。将果浆倒入锅中后，加热煮沸，并分次加入白糖。加糖量以 100kg 番茄浆加白糖 70kg 为宜。浓缩时应注意经常搅动，以防焦化，特别是在浓缩后期。当番茄浆温度达到 105℃以上，可溶性固形物达 68% 以上时，即为终点。

⑥ 封罐密封。浓缩后的番茄酱，应趁热装入洗净的罐内。装罐时酱的温度不低于 85℃，然后立即封罐。

⑦ 杀菌、冷却。于 100℃沸水中杀菌 20～30min，冷却至罐温 35～40℃即为成品。

（3）质量要求　酱体呈红褐色，均匀一致，具有一定的黏稠度，味酸，无异味。

6. 甜酸番茄

（1）原料与配比　鲜番茄适量，白醋液 20kg，白砂糖 10kg，丁香 210g，姜 200g。

（2）原料选择　选择果形完整，直径 30～50mm，表面光滑的纯青未熟的番茄；白醋应选择无色、透明、酸度为 0.4%～0.6% 的；丁香选用香味浓郁的；姜选用新鲜有辣味且汁多的。

（3）操作步骤

① 原料处理。果实采收回来后，按果实大小、颜色深浅进行分级，然后浸泡冲洗，除去果实上附着的脏物，将清洗后的果实用刀尖挖去蒂心，并将周围呈现的黑斑和裂纹同时去掉。

② 盐浸。将处理后的番茄放入 10% 的盐水中浸泡，并盖以木制盖把番茄压入液面内，每天检查食盐溶液的浓度，按降低浓度程度加入食盐，使其浓度维持在约 10%（不宜超过），约半个月后，盐水的浓度基本稳定。

③ 发酵。番茄在 8%～10% 的盐水中继续浸泡让其自然进行乳酸发酵，能有效地阻止其他有害微生物的滋长，但盐水浓度不宜超过 10%，否则乳酸菌的发酵也受抑制，约 28d 后，如番茄的含酸量为 0.7% 时，可将盐水浓度调至 15% 左右，大约 42d 后即可取出漂洗。

④ 漂洗。将经过盐渍的番茄放入 55℃的温水中漂洗，每隔 2h 换水一次，如发现番茄有软化现象，可加入少许明矾溶液，浸泡 12h。然后用清水不断冲洗，直至除尽盐味。

⑤ 醋渍及调味。将姜与去头的丁香装入小麻布袋中与醋液共煮约 1h，温度维持在 80～90℃，再加入白砂糖，即配成香料糖液。将漂洗过的番茄先浸入

4%～6%的白醋中，经 7d 后，测定酸度为 2%～3%时，即加入预先配制好的香料糖液中浸渍，约 7d 后即可取出装罐。

⑥装罐。将番茄定量（马口铁罐内番茄占总重量的 60%，玻璃罐则占55%）装入马口铁罐或玻璃罐内，并加入配好的汁水。汁水温度不得低于80℃。

⑦排气封罐。装好的罐头立即进行排气，排气温度在 80℃左右，维持 7～9min，排气后立即封罐。

⑧杀菌、冷却。杀菌时间视罐型大小而定，一般 850g 罐在沸水中杀菌时间为 10～12min/100℃，500g 玻璃罐则为 5～15min/100℃，杀菌后迅速进行冷却。

三、茄子的糖制技术与实例

1. 美味茄片

将新鲜茄子（图 10-9）切成片状，按 100kg 茄片 16kg 盐的比例，在缸内一层茄片一层盐装满。接着添加浓度 16%的盐水将茄子淹没，压上重物盖严。每隔 2～3d 翻缸 1 次，经 20d 左右腌制成熟，取出放在清水内浸泡 6h，期间换水3～4 次，再捞起晾干。取出茄片 100kg，加辣椒粉 1.2kg、花椒粉 1kg、白砂糖8kg、味精 200g 混合拌匀，放酱油中浸泡 1 周，即成美味茄片。

图 10-9　茄子

2. 糖醋茄子

将新鲜茄子洗净，去蒂，晾干，切成两半，然后装缸。按 100kg 茄子 10kg糖的比例，放一层茄子撒一层糖，直到装满后，再用食用醋（100kg 茄子 10kg醋）泼洒到与茄子相平，压重物。每隔 2～3d 翻缸一次，连续翻 3～4 次即可。把腌缸放在阴凉通风处，15d 后即可食用。

第三节　其他果类蔬菜的糖制技术与实例

一、哈密瓜的糖制技术与实例

哈密瓜脯

如图 10-10 所示。

图 10-10　哈密瓜脯

哈密瓜是新疆的特产，由于它具有特殊的香味，加上它肉色鲜艳、体大肉厚和清脆爽口等优点，颇受国内外市场的欢迎。特别近几年来，经过农业科技工作者的努力，已培育出"炮台红""红心脆"等优良品种，深受外商的欢迎。但是瓜的保存期受品种条件的影响，一般在 2～3 个月内鲜瓜就会腐败变质。为了满足瓜季过后对哈密瓜制品的市场需求，石河子市食品厂近几年来，加工生产了哈密瓜脯，经每年外销，证明很受国际市场欢迎。

（1）工艺流程（返砂型）　鲜瓜挑选→去皮、去籽、切条→浸硫、晒干→浸泡复原→糖煮→铺盘、烘烤→包装。

（2）制作方法

① 鲜瓜挑选。要求挑选绿皮红瓤的哈密瓜品种，并选肉厚个大的进行加工（破裂而不坏的也可以加工），要求成熟度在七成左右。已经腐败变质的不能加工。

② 去皮、去籽、切条。将哈密瓜洗净，用专用刨刀刮去表皮（保留青肉层），然后切成两半，用铝匙或刮刀去籽（瓜籽清洗晒干后可榨油），最后将瓜切成 4～5cm 宽的瓜条。

③ 浸硫、晒干。将瓜条放在 2% 的重亚硫酸钠溶液中浸泡 10min（目的是漂洗瓜条，防止虫蛀），然后捞出放在芦席或穿挂在绳子上晒干，待水分低于 18% 后，即可收放在竹筐中待用（切忌用铁制品装，以免瓜肉褐变）。

④ 浸泡复原。将瓜干用水浸泡 4h 左右，让其复原成鲜瓜状瓜条，然后进行加工（用鲜瓜加工受季节影响，因此先加工成瓜干，后复原加工）。

⑤ 糖煮。将瓜条放入 16～18°Bé 的糖水中煮沸 15min，然后逐步加入白砂糖（分撒）使锅内糖浆浓度在 24～26°Bé，再煮 30min 即可捞出，再放入 24°Bé 的凉糖浆中浸泡 12h（糖煮终点视其瓜条呈半透明状即可）。

⑥ 铺盘、烘烤。将浸泡好的瓜条捞出滤去糖水，铺在竹盘上，送烘房烘烤（挑出残次品和吃糖不均的瓜条），烘烤温度在 65～68℃，约 12h 后即可出炉（烘 8h 后需翻盘一次）。

⑦ 包装。烘好后的瓜脯，一般水分在 10% 以下，此时趁热从竹盘上取下瓜条，然后挑选分级用塑料袋或纸盒包装。

二、番木瓜的糖制技术与实例

番木瓜果实营养丰富，风味甜美，可供生食或佐餐之用，也可以加工成番木瓜果浆。制成的果浆在冷藏条件下能保持足够稳定的高标准质量，以供再加工成番木瓜果汁、果浆、果汁汽水等。

（1）工艺流程　原料→选果→分级→蒸烘→冷却→破碎→除种核→打浆→调酸→钝化→装袋→冷库贮藏。

（2）制作方法

① 将收获的番木瓜浸于 49℃ 热水中 20min 以控制其贮藏性腐烂，随即喷水冷却，并移进密闭室，以二溴乙烯熏蒸灭杀果蝇等害虫。熏蒸毕，把番木瓜经过水浴后，送到选果线（台）进行选果分级，把成熟的番木瓜送至果浆生产线作为加工果浆的原料。

② 在生产线启动之前，应检查全部机件的性能与安全条件，以保证生产操作的顺利进行。

③ 将挑选备用的番木瓜从金属滚动链带转送入蒸烫隧道（蒸汽间长 5.33m，蒸气压 0.22～0.35kgf/cm²），输送速率可以调节，一般约 3.66m/min，蒸烘适度以剖切后可见约 3.4mm 熟度为宜。如若蒸烘透度不足或太过，可调整蒸汽量的大小，也可以通过加快或减缓输送速率来调节适当的烘透度。蒸烘后的番木瓜被提升输送，中途喷射冷水以冷却。蒸烫的目的是使果皮中乳汁变性凝结，防止在剖切时乳液从果皮渗出，并消除果实表面附着的微生物和污染物。

④ 蒸烘后的番木瓜随即被输入装有刮擦与粉碎机件的剖切机，机上设计有使番木瓜种核与包住种子外部浆果皮破碎的装置。因为该浆果皮的汁液中有高浓度的黑芥子苷酸酶。当浆果皮及种子被破碎之后就会激活酶活性，黑芥子苷酸酶与存在于种子中的基质相互反应后，可生成一种有刺激性的强烈辣苦味物质异硫

氰酸苄酯，从而致使色香异变，因此应调节剖切机中刀片以较慢速度转动，尽量避免弄破它。剖切之后通过刮擦轧碎，使果肉和种子从皮上刮净。再将番木瓜的皮、种子和果肉的混合浆体，经过篮式离心筛分机，以 600r/min 的速率将果皮、种子同果肉分开。果皮、种核从残渣槽排出。果肉或附有的极少的核皮从出料口输进打浆机，打浆机装配有可调的旋转桨板，一般调速至 1600～1700r/min。在打浆的同时，加入 50% 的柠檬酸溶液，以提高果浆酸度，使其 pH 值为 3.4～3.6。同时，还应检查果浆中的黑微粒，此微粒系来自番木瓜种核的屑片。如有多量黑微粒存在，就将剖切机减速以求使种核不破碎，尽可能降低破碎率。检测方法：取 10mL 番木瓜果浆涂布于洁净玻璃片上，涂层约厚 0.25mm，将此玻璃片置于装有蓝色滤片的灯光盒上，就可清晰地计数黑微粒。调酸的目的为抑制色香味质变与制止凝胶，同时防止有害微生物引起的腐败。

⑤ 果肉浆通过 0.84mm 筛网而落入精磨机漏斗，细微化粉磨后的果浆经过 0.56mm 筛网流进储藏罐，然后泵进用于巴氏消毒的板式热交换器中，使之在 92～96℃加热 1～2min，把各种酶的活性钝化。加热的果浆流至冷却部位用冷水循环冷却 15～20min，使果浆的温度低于 21～22℃，随即灌注入已消毒的洁净的聚乙烯袋（桶），运至冷库贮藏。

⑥ 加工结束后，应将各机件与部件进行清洗，擦油保护，厂房场地也要做一次大扫除，达到环境的卫生清洁。

三、蜜瓜的糖制技术与实例

蜜瓜酱加工工艺介绍如下。

（1）原料配方　瓜浆 150kg，白砂糖 30kg，柠檬酸 400g，苯甲酸钠 100g 或尼泊金乙酯 10g。

（2）工艺流程　原料→清洗→表皮灭菌→去表皮→切分挖瓤→破碎→配料→浓缩→成品→包装。

（3）制作方法

① 原料要求。选择完全成熟、含糖量高、香味浓的原料。对原料还应要求无虫蛀，无病变，不腐烂。购进的原料，不宜久存。

② 清洗。清洗除去表面泥沙和其他异物、杂物。水要保持清洁、不浑浊。

③ 灭菌。原料浸入 0.1% 高锰酸钾溶液中 15min 以上。

④ 去表皮。灭菌后捞出，用饮用水冲掉残留灭菌液，然后在去皮机上削去全部表皮至瓜肉。

⑤ 破碎。去了表皮的原料切开挖去瓜瓤（瓜瓤另处理），再切成 30mm×40mm 的块形，集中盛入储槽，经胶体磨研磨成浆。

⑥ 配料。一般果酱要求含糖分50%~60%，应配入适量的糖分，同时还应调入适量的柠檬酸，使产品既有芳香气味，又有酸甜适口的滋味。称取白砂糖倒入夹层锅内，加饮用水调配成80%浓度的糖浆，拧开夹层锅蒸汽阀加温，充分溶解成糖浆。夹层锅的蒸汽工作压力不超过2kgf/cm²，定准安全阀，称取柠檬酸，用少量温水溶解后倒入糖浆内混合，称取苯甲酸钠，用少量温水溶解后倒入糖浆内混合。如果使用尼泊金乙酯，应先用酒精溶解后再倒入糖浆内混合，柠檬酸与苯甲酸钠应分别添加，因为这两种物质混合后会立刻反应生成不溶的结晶块沉淀，失去防腐作用。按配料比例将糖浆料输入真空浓缩锅下面的储槽。

⑦ 浓缩。首先密封真空浓缩锅，启动真空泵，使真空浓缩锅处于真空状态，然后打开真空浓缩锅吸料管阀门，将储槽内的糖浆料吸入真空浓缩锅内，吸入物料的容积不超过视孔，即关闭吸料管阀门，拧开蒸汽阀门，蒸汽工作压力超过2kgf/cm²，锅内的温度应为60~65℃。真空泵接通冷却水，冷却水在储槽中循环使用，应不断注入冷水降低水温，保持真空系统正常工作。真空浓缩锅的真空度应保持在600mmHg以上。当物料浓缩到预定时间后，先关闭蒸汽阀门，再停真空泵，并破坏锅内真空，然后从锅体下面的取料口放出少许瓜酱进行检测。如果没达到含糖量指标，应继续进行真空浓缩。浓缩好瓜酱后，首先停真空泵并破坏锅内真空，使物料继续加温至100℃进行杀菌，然后关闭蒸汽阀门，再拧开出料管阀门放出瓜酱。如果衔接包装工序，出料口应接上浓浆泵，再由浓浆泵输入储槽进行包装。

⑧ 包装。有500mL玻璃罐、50~200g复合膜袋、15~25kg塑料桶等规格，还有回旋玻璃瓶，规格为200g装等。也可为定点用户采用大容器存放。

（4）质量标准

① 感官指标。

色泽：具有本品应有的色泽，呈乳黄色，且均匀一致。

滋味与气味：具有河套蜜瓜经去皮、去瓤后应有的芳香气味和良好的风味，酸甜适口，无异味。

组织形态：组织经研磨加糖浓缩成半流体黏稠状，酱体置于水平面上，允许徐徐流散，但不应分泌液体，无糖结晶。

杂质：不允许有肉眼可见杂质。

② 理化指标。水分40%~50%，总糖（以转化糖计）40%~50%，总酸（以苹果酸计）0.2%~0.5%，锡（以Sn计）≤200mg/kg，铜（以Cu计）≤5mg/kg，铅（以Pb计）≤1mg/kg。

③ 微生物指标。细菌总数≤750个/g，大肠菌群≤30个/100g，致病菌不得检出。

四、西瓜的糖制技术与实例

1. 西瓜皮酱

(1) 原料配方　绞碎西瓜皮（若为冻瓜皮则为 33kg）40kg，白砂糖 55kg，淀粉糖浆（按 100％计）5kg，琼脂（140 倍）（若用冻瓜皮则为 500g）440g，柠檬香精（210#）45mg，柠檬黄色素 22g，柠檬酸 287g。

(2) 制作方法

① 选料。选新鲜厚皮西瓜，经洗净，刨尽青皮。瓜柄处硬质瓜皮应切净。

② 切开去瓤。切 6～8 开，将瓜肉削下，黄肉瓜内皮可稍带瓜肉；红肉或橘黄肉者，则必须削尽至接近中果皮色，然后用水洗一次。

③ 绞碎。用绞板孔径 9～11mm 的绞肉机绞碎（速冻瓜皮为 7～9mm），绞出的皮呈粒状，及时浓缩。

④ 取瓜籽。由瓜肉取部分瓜籽，洗净，沸水烫 2min，晾干装罐备用。

⑤ 加热及浓缩。按配比规定，将白砂糖配成 65％～70％的糖液，先取一半加入绞碎瓜皮中，在真空浓缩锅内加热软化 20～30min，然后将剩余糖液及淀粉糖浆一次吸入锅内，在气压 4～5kgf/cm^2，真空度 600mmHg 以上，浓缩 15～20min。待可溶性固形物达 69％～70％时，将溶解过滤后的琼脂液吸入锅内，继续浓缩 5～10min，至可溶性固形物达 67％～68％（瓜皮应为 64％）时，关闭真空泵破除真空，加热煮沸后，即加入柠檬酸、色素、香精，搅拌均匀后出锅，迅速装罐。琼脂按干琼脂 1 份，加水 14～16 份，经蒸汽加热溶化，再经离心机（内衬绒布袋）过滤后才能使用。

⑥ 装罐。罐号 776，净重 340g，西瓜酱 340g（加黑色瓜籽三粒）；玻璃缸净重 454g，西瓜酱 454g。

⑦ 密封。酱体温度不低于 85℃，装罐后停约 2min 再密封。

⑧ 杀菌及冷却。a. 净重 340g 杀菌式：5～8min/100℃（水）。杀菌后冷却。b. 净重 454g 杀菌式：12min/约 80℃（气），用排气箱蒸汽加热杀菌，并用温水洗净瓶外壁，分段淋水冷却。

2. 西瓜皮糖酱

(1) 原料配方　西瓜皮 10kg，白砂糖 14kg，蜂蜜 1.25kg，琼脂 110g，柠檬酸 72g。

(2) 制作方法

① 原料处理。选取新鲜肥厚的西瓜皮 10kg，外皮有腐斑的剔除。把西瓜皮用清水冲洗干净后，除去残留瓜瓤和绿色的外皮。如是红瓤瓜，去瓤要重；如是黄瓤瓜，去瓤可轻些。青皮必须削除干净，瓜柄部的硬质瓜皮也要去除。削好的瓜皮切成便于投入绞碎机的小块，用绞碎机绞碎。绞板孔径为 9～11mm，绞出

的碎块呈粒状。

② 软化。取白砂糖 14kg，配成浓度为 65％～70％的糖液，溶化过滤后备用。取一部分配好的糖液，加入绞碎的西瓜皮中，西瓜皮与糖液的体积比为 1：1.3。加热，软化，时间约为 20min。

③ 浓缩、增稠。在剩余的糖液中加入蜂蜜 1.25kg，与软化的瓜皮液混合，继续加热浓缩。不断搅拌，直至可溶性固形物达 60％～65％时，取琼脂 110g 加入 15 倍的水中，加热溶化，趁热用绒布过滤，把琼脂液倒入浓缩过的碎西瓜皮液中。继续加热浓缩，至可溶性固形物达 67％～69％。

④ 加酸、装瓶。取柠檬酸 72g 加入少量水制成溶液，放入增稠过的西瓜皮液中，搅拌均匀，加热至沸，然后趁热装瓶。装瓶时要趁热快装，酱体温度不低于 85℃，装量要足，每次成品要及时装完，时间不宜拖得太久。

⑤ 密封、杀菌、冷却。装好瓶后，迅速加盖拧紧，达到密封要求。加盖时，手指不要触及瓶盖的内表面。然后在沸水中煮沸杀菌 10～12min。如果瓶温太低时，应分段提高瓶温，再入沸水中。最后采用 80℃、60℃、40℃温水，分段冷却即成。

第十一章 其他果蔬花卉产品的糖制技术与实例

11 Chapter

第一节 食用菌类的糖制技术与实例

1. 糖渍原理

食用菌糖渍，就是设法增加菇体的含糖量，减少含水量，使其制品具有较高的渗透压，阻止微生物的活动，从而得以保存。与果蔬糖制品一样，食用菌的糖制品含糖量必须达到 65％以上，才能有效地抑制微生物的作用。严格地说，含糖量达到 70％的制品其渗透压约为 5066.25kPa，微生物在这种高渗透压的食品中无法获得它所需要的营养物质，而且微生物细胞原生质会因脱水收缩而处于生理干燥状态，所以无法活动，因此，这种高渗压环境虽然不会使微生物死亡，但也迫使其处于假死状态。只要糖制品不接触空气、不受潮，其含糖量不会因吸潮而稀释，糖制品就可以久贮不坏。

糖还具有抗氧化作用，有利于制品色泽、风味和维生素等的保存。糖的抗氧化作用主要是由于氧在糖液中的溶解度小于在水中的溶解度，并且糖液浓度的增加与氧溶解度呈负相关，也就是糖的浓度愈高，氧在糖液中的溶解度愈低，由于氧在糖液中的溶解度小，因而可有效地抑制褐变。

2. 蜜饯生产工艺

① 分级。加工蜜饯时希望制品品质一致，因此需用成熟度、大小一致的原料。成熟度和大小不一，需要不同的煮制时间，如混在一起，品质无法均一，质量就会降低。

② 菇体整理及切分。鲜菇需经挑选，剔除病菇、虫菇、斑点菇及严重畸形菇，削去老化的菇柄或带基质的柄蒂，用清水漂洗干净。蜜饯产品是直接食用的，因此绝对不能混有杂质，以保证食品卫生。然后用不锈钢刀把菇体切成小

196

块，以利于缩短糖煮时间，也便于食用。一般切成 3～4cm 见方。

③ 杀青。杀青与盐渍加工中原料菇的杀青操作相同。

④ 菇坯盐渍。菇坯是以食盐为主腌渍而成的，有时加少量明矾或石灰等使之适度硬化。食盐有固定新鲜原料成熟度、脱去部分水使菇体组织紧密、改变细胞组织的渗透性、利于糖渍时糖分的渗入等作用。菇坯的腌制过程为盐渍、暴晒、回软和复晒。主要操作是盐渍，盐渍液用 10% 左右的盐水，可再加 0.2%～0.3% 的明矾和 0.25%～1% 的石灰，盐渍时间需 2～3d。但大多数食用菌蜜饯加工时都不需要进行腌制处理。

⑤ 保脆和硬化。保脆和硬化处理是将菇体放在石灰、氯化钙或亚硫酸钙等稀溶液中，浸渍适当时间。也可以在腌坯时或腌坯漂洗脱盐时，加少量石灰和明矾等硬化剂进行硬化保脆。菇体经过硬化保脆，可以避免在糖煮时软烂、破碎。

⑥ 硫处理。蜜饯加工中为了获得色泽明亮的制品，可在糖渍前进行硫处理。即将菇体浸于含 0.1%～0.2% 二氧化硫的亚硫酸溶液中数小时。经硫处理后，在糖渍时，要用清水漂洗，去除剩余的亚硫酸溶液。但为了保障人体健康，大多数食用菌蜜饯加工都不进行硫处理。

⑦ 染色。为了增加食用菌蜜饯的色彩，常需人工染色。染色用的食用色素有天然色素和人工色素两类。天然色素直接取自植物组织，如姜黄、栀子黄、胡萝卜素、叶绿素等。但天然色素因着色效果较差，使用也多不便，所以生产上正逐渐被人工色素所替代。人工色素有 3000 多种，但认为食用无害的却为数不多。为了保障人体健康，各国都有法定的食用色素，我国规定暂作食用的人工色素有苋菜红、胭脂红、柠檬黄、日落黄、靛蓝、亮蓝等。其中柠檬黄和靛蓝混合调配，可调作绿色色素使用。人工色素使用时不可过量，以免失真和影响风味。以上色素的用量为色素液含量不超过 0.001%。菇体染色时可直接浸入色素液中着色，或将色素溶入稀糖液中，使菇体在糖制的同时也进行着色。为了增进染色效果，常以明矾作助染剂。

⑧ 糖渍。糖渍是蜜饯加工的主要操作。蜜饯类就其加工方法而论，大致可分为加糖煮制（糖煮）和加糖液渍（蜜制）。大多数食用菌均可采用加糖煮制法。该法糖渍时间短，加工迅速。加糖煮制可分为常压煮制和真空煮制两种方法。常压煮制又有一次煮成和多次煮成之别。一次煮成是把菇体与糖液合煮，一次煮成。多次煮成是把菇体与糖液合煮，分 2～5 次进行，第 1 次煮制的糖液浓度约为 40%，煮沸 2～3min，冷却 8～24h；第 2 次煮制时糖含量增加 10%，如此反复进行糖渍。

⑨ 烘晒和上糖衣。干态蜜饯糖渍后进行烘烤或晾晒，制品干燥后含糖量应接近 72%，水分含量不超过 20%。干燥后的蜜饯浸入过饱和糖液中蘸湿，立即捞起，再进行一次烘晒使其表面形成一层透明状糖质薄膜，该操作称为上糖衣。

大多数食用菌可通过上糖衣而提高品质。也可在糖煮后，待蜜（饯）坯冷却至50~60℃时，均匀地拌上白砂糖粉末，俗称"粉糖"，即得蜜饯成品。

⑩ 整理与包装。食用菌蜜饯在干燥过程中易结块，要加以整理。蜜饯的包装应以防潮、防霉为主，最好是用罐头瓶密封包装，也可用塑料袋、塑料盒密封包装，若用纸盒包装，也需用塑料袋密封。

一、香菇的糖制技术与实例

香菇蜜饯的加工工艺介绍如下。

（1）工艺流程　选料→漂洗→烫煮→整形、冷浸糖→糖煮→烘干、包装→成品。

（2）操作要点

① 选料。香菇柄和香菇子实体均可作原料。选用香菇柄作原料，要求菇柄长短较一致，粗细较均匀，不带杂质，没有病虫害；选用子实体作原料，要求子实体无病虫害，不散发孢子，菇形大小均匀，肉厚，柄长 1cm 左右。

② 漂洗。将选用的香菇子实体或香菇柄，经修剪去除基部老化部分后放入漂洗液中漂洗，去除污物杂质，用剪刀从根部以上 2cm 处剪，漂洗菇柄，用清水即可。若漂洗香菇子实体，应在水中加入 0.03% 的焦亚硫酸钠，以抑制菇体的氧化酶活性，保护菇体色泽。

③ 烫煮。菇柄或子实体经过漂洗护色，取出沥干水后，投入 90~100℃ 热水中，搅动烫煮 7min 左右，以增加弹性，除去异味。煮熟后捞出，压挤水分，使菇体内含水量低于 65%。

④ 整形、冷浸糖。将压去水分的菇柄或子实体进行整形，切成长 2cm、粗 0.5cm 左右的长条，然后将其浸在 40% 浓度的糖液中，室温浸泡 6h 左右，使糖分子能进入菇体内。

⑤ 糖煮。首先配制糖煮液，配法是在 65% 糖汁中加入柠檬酸和苯甲酸钠，其浓度分别为 1% 和 0.05%。将糖液煮开，然后倒入在冷糖液中浸泡过的香菇柄或菇条，大火煮开，再改用文火熬制。菇体与糖液的重量比为 1:1。在熬煮期间，要用非铁制工具不断搅动，并经常用测糖计测量糖浓度，切忌熬煳。糖液浓度随熬煮时间延长不断提高，当增加到 68%~70% 时，可停止熬煮。

⑥ 烘干、包装。糖煮熬制结束后，将香菇柄或菇条捞出，沥去多余的糖液，然后将其摊放在烘盘中，要求厚薄均匀，放入烘房或烘箱内，在 60℃ 烘烤 4h 左右（烘房或烘箱内最好有通风设备，这样可加速烘烤速度）。在烘烤期间，要求翻动 2~3 次，以使烘烤均匀。当用手捏香菇柄无糖液挤出，基本不黏糊时即可取出晾凉。晾凉后即使用玻璃纸将香菇柄包好，放在塑料袋内封口，以防吸潮。

（3）产品特点　柄条整齐、均匀，色泽微黄，清香甜美，香菇味浓。

二、平菇的糖制技术与实例

平菇味道鲜美，营养丰富，含有大量的维生素、多糖、矿物质元素以及人体必需的八种氨基酸。平菇可制成各种食品，如速冻平菇、平菇罐头、腌渍平菇、平菇酸泡菜、菇柄蜜饯、平菇保健酒、平菇酱油及其他调味料等。

1. 菇柄蜜饯

（1）工艺流程　菇柄处理→硬化→糖制→烘制→整理成型→包装→成品。

（2）操作要点

① 菇柄处理。蜜饯所用的原料可以是新鲜的菇柄，也可以是经过盐腌的。新鲜的菇柄应放在 95℃ 左右的水中烫漂 4～6min；盐腌过的菇柄应放在清水中漂洗 2～3 次，再用清水浸泡 3～4h，使其含盐量降至 2％ 左右。较粗或较长的菇柄适当进行切分。

② 硬化。用浓度 0.4％～0.5％ 的氯化钙水溶液浸泡菇柄，增加硬度，浸泡时间为 5～6h。然后捞出平菇，用清水漂洗后控干水分。

③ 糖制。将菇柄倒入 40％ 的热糖液中煮至微沸后，将菇柄留在糖液中于常温下浸渍。糖液中加入少量香菇、甘草、丁香等辅料，以增加成品风味；添加 0.05％～0.1％ 的苯甲酸钠，以防糖液发酵变质。浸渍 8～10h 后，捞出平菇柄。调整糖液浓度至 55％，添加 0.8％～1％ 的柠檬酸，将糖液煮沸，菇柄再倒入糖液中煮沸，微沸状态下保持 20～30min，趁势将菇柄和糖液一同转入另一容器中让其自然冷却。常温下菇柄在糖液中再浸渍 8～10h，使糖液浓度稳定在 35％～40％。将糖液连同菇柄再次煮沸，趁热滤去糖液。

④ 烘制、整理成型与包装。把菇柄互不重叠地铺于烘筛上，送烘房烘制。烘房内温度控制在 50～55℃，最高不超过 60℃。菇柄烘至不粘手时移出烘房，通常需要烘 6～8h。待蜜饯冷却后，稍加整理成型，即可包装。

2. 平菇蜜饯

制作方法如下：

① 配方。新鲜小白平菇 80kg，白糖 45kg，柠檬酸 0.15kg。

② 选料。选八九成熟、色泽正常、菇形完整、无机械损伤、朵形基本一致、无病虫害、无异味的合格菇体为坯料。

③ 制坯。用不锈钢小刀将小白平菇菇柄逐朵修削平整，菇柄长不超过 1.5cm，规格基本一致。

④ 灰漂。将鲜菇坯料放入 5％ 石灰水中，每 50kg 生坯需用 70kg 石灰水。灰漂时间一般为 12h，用竹片把菇体压入石灰水中，以防上浮，使坯料浸灰均匀。

⑤ 水漂。将坯料从石灰水中捞起，放清水于缸中，冲洗数遍，将灰渣与灰汁冲净，再清漂 48h，期间换水 6 次，将灰汁漂净。

⑥ 燎坯。将坯料置于开水锅中，待水再次沸腾、坯料翻转后，即可捞起回漂。燎坯亦称预煮（杀青）。

⑦ 回漂。将燎坯后的坯料，放在清水池中回漂 6h，期间换水 1 次，然后喂糖。也有将此道工序省去的，燎坯后直接喂糖。

⑧ 熬制糖浆。以每锅加水 35kg 计，煮沸后，将 65kg 白糖缓缓加入，边加边搅拌，再加入 0.1％的柠檬酸，直至加完拌匀，烧开 2 次即可停火。煮沸中，可用蛋清或豆浆水去杂提纯，然后用 4 层纱布过滤，即得浓度为 38°Bé 的精制糖浆。若以折光计校正糖液浓度，约为 55％，pH 值为 3.8～4.5。

⑨ 喂糖。把晾干水分的坯料倒入蜜缸中，加入冷的精制糖浆，浸没坯料。喂糖 24h 后，将菇坯捞起另放，糖浆倒入锅中熬至 104℃时，再一次喂糖 24h，糖浆量宜多，以坯料能在蜜缸中搅动为宜。即行话所说："糖浆要宽，坯料要松"。

⑩ 收锅。也叫煮蜜。将糖浆与坯料一并入锅，用中火将糖液煮至"小挂牌"，温度在 109℃时，舀入蜜缸，蜜制 48h。由于是半成品，蜜制时间可长达 1 年不坏。如急需食用或出售，至少需蜜制 24h。如果一时销售不完，仍可回缸蜜制保存。

⑪ 起货（也称再蜜）。将新鲜糖浆熬至 114℃，再与已蜜制的坯料一并煮制，待坯料吃透蜜水，略有透明感，糖浆温度仍在 114℃左右时，捞出坯料放入粉盆（上糖衣的设备），待坯料冷却至 50～60℃时，均匀地拌入白糖粉（粉糖），即为成品。

⑫ 成品检验。规格：菇形完整，均匀一致。色泽：蜡白色。组织：滋润化渣，饱糖饱水。口味：清香纯甜，略有平菇风味。

3. 低糖平菇脯

（1）工艺流程　选料→整理→洗涤→烫漂→护色→硬化→抽空→糖煮→浸糖→烘烤→整形→包装→成品。

（2）操作要点

① 选料与洗涤。选择形态完整、无病虫害的新鲜平菇；剔除杂质，切除菇脚，将丛生菇分成单朵；用清水洗净备用。

② 烫漂。在夹层锅中加入清水（装水量为锅容量的 2/3），在水中添加 0.05％～0.1％的柠檬酸。加热到水沸，加入平菇（菇量为烫漂液量的 30％左右），轻轻搅拌，待菇体变软时（7～8min）捞出，立即投入冷水中冷却。

③ 护色和硬化。将冷却后的平菇倒入含 0.3％亚硫酸氢钠和 0.2％氯化钙的混合液中进行护色硬化 4～8h，每 100kg 水可浸泡平菇 120～130kg。护色硬化结束后，将菇体捞出，用流动水漂洗干净。

④ 抽空。先配制 20％～25％的糖液，然后加入适量的葡萄糖、饴糖浆（二

者使用量分别不超过总糖量的 30%）和 0.1% 左右的羧甲基纤维素（可防止脯体干瘪，增加其饱满度），混合均匀后连同菇体一起倒入抽滤器中用真空泵抽至真空度为 9.33×10^4 Pa，保持 20min 即可。如果不具备真空处理条件，可采用一次煮成法，即一次或多次加糖一次煮成；也可采用浸后煮成法，即先用浓糖液或干糖浸渍，然后进行煮制；还可采用多煮长浸法，即短时间加糖热煮和长时间的冷却后浸渍交替进行。

⑤ 糖煮。抽空后将菇体捞出，并将糖液倒入夹层锅内加热至沸，然后将菇体倒入，保持蒸气压为 0.19614～0.24528MPa，缓慢煮制。分两次加入 50% 的冷糖液和白砂糖至浓度为 40%。当菇体煮至透明状，糖浓度达 45% 时，立即停止加热，进入下一步浸糖工序。

⑥ 浸糖。将糖连同菇体一起出锅，盛入搪瓷或水缸（洗净）等容器内浸渍 24h。

⑦ 烘制。先用含 0.03% 苯甲酸钠的温水洗去菇体表面的糖液，然后将其铺入烘盘，送入烤房，在 60～65℃ 温度下烤至含水量为 17%～20%（以不粘手为度），一般需烤 6～8h。

⑧ 整形、包装。待菇脯冷却后稍加整形，用食品塑料袋密封包装（每袋装量 100g、250g、300g），再用硬纸板箱成件包装，以便于贮存或外销。

（3）质量标准 色泽鲜亮，有透明感；脯体饱满，形态完整；甜味柔和，口感柔韧；总含糖量在 45% 左右，比高糖平菇脯含糖量降低 20%～30%；常温下保质期可达 12 个月。

三、凤尾菇的糖制技术与实例

凤尾菇蜜饯制作与小白平菇蜜饯的加工工艺基本一致，下面 3 点需加以注意。

① 制坯。用不锈钢小刀逐朵将凤尾菇（图 11-1）菇脚修削成尖形，状如凤头嘴角，以提高产品的外观品质。

图 11-1 凤尾菇

② 套色。该工序应放在"回漂"与"熬制糖浆"工序之间。产品套色与否，应根据消费者的喜好，若不套色，该工序就可省去；若需套色，就按下面工艺进行。套色有冷套和热套两种方法。冷套是在回漂后套色；热套是回漂后将坯料用热水适当加温，再滤起套色。一般以热套效果较好。套色用的色素应符合国家规定的标准。套色时要搅拌色水，使坯料吃透，边煮沸，边搅拌，当坯料放入冷水中浸泡不褪色时，即可捞出沥干（多余色素液可留用）。注意火不能过大、过猛，煮的时间不能过长。食用色素以天然黄色素为好，尽可能不用人工合成的色素。

③ 成品检验。标准规格、组织及口味和平菇相似，色泽浅白色或淡黄色。

四、金针菇的糖制技术与实例

1. 金针菇蜜饯

将残次金针菇及加工罐头金针菇的下脚料加工成蜜饯，具有一定的经济价值，可充分利用金针菇，减少浪费。

① 热烫。将金针菇（图 11-2）洗净，在 90～100℃的热水中烫漂 1～3min，立即冷却，沥干水分。

图 11-2　金针菇

② 硬化。用 0.5％的氯化钙溶液浸泡烫漂好的金针菇 3h，菇水比为 1∶1.5，再漂洗干净，沥干水分。此工序亦可省去。

③ 浸冷糖液。将沥干水的金针菇浸泡在 40％的冷糖液中，时间为 3～4h。

④ 糖煮。配制 65％的糖液，煮沸，把用冷糖液浸渍好的金针菇倒入，大火煮沸，再文火（以微沸为度）熬制 1～2h，再加入 1％的柠檬酸，继续熬煮至糖液含量达 70％左右（用糖量计测定），金针菇金黄透亮时即可出锅。

⑤ 烘干、包装。将上述金针菇摊放在瓷盘上放入烘房（箱）内，于 50～60℃下烘约 4h，要经常翻动，至蜜饯晶莹透亮，基本不粘手时，即可取出晾凉，用玻璃纸包好，再装入塑料袋中。

金针菇蜜饯酸甜可口，色泽金黄透亮，具有一定的嚼劲，营养丰富，尤受儿童、妇女的欢迎。

若糖渍金针菇，选用质量好的金针菇，置于蒸笼中杀青后，取出晾晒 1～2d，然后加入白砂糖，用量为金针菇质量的 30%，边晾边拌，第 4 天即成，再加入少量香油调味便可装箱存放。亦可把杀青后的金针菇用 70% 的糖水煮10min，捞出后沥去多余糖液，晾晒至半干，便可装袋保存。

2. 金针菇脯

操作要点如下：

① 选料。选未开伞、菌盖直径小于 2.5cm、柄长 15cm 左右、色泽浅黄、无病虫、无斑点的新鲜金针菇作原料。

② 杀青。将选好的金针菇剪去菇根，抖净培养料及其他杂质，投入浓度为0.8% 的柠檬酸沸水中，杀青 7min 后捞出，立即用流动清水冷却至室温。

③ 修整。为保证金针菇脯大小一致，外形整齐美观，杀青后应将菌盖过大或过小的、菌盖破损严重的挑出来留作他用。

④ 护色。将修整好的金针菇投入浓度为 0.2% 的焦亚硫酸钠溶液中，并加入适量的氯化钠浸泡 6～8h，然后再用流动清水漂洗干净。

⑤ 糖渍。在洗净沥干水分的金针菇中，加入菇重 40% 的白砂糖糖渍 24h，滤出多余的糖液，下锅加热至沸腾，并调整糖液浓度至 50°Bé，再继续用糖液浸渍金针菇 24h。

⑥ 糖煮。将糖渍后的金针菇与糖液一起倒入夹层锅中，加热进行糖煮，并不断向锅中加入白砂糖。当菇体煮成透明状、糖液浓度达 65°Bé 以上时，立即停火。

⑦ 烘烤。将糖煮过的金针菇取出，沥干糖液放在烘盘中，送入烘房置于65～70℃温度条件下烘烤 15h 左右。当菇体呈透明状且不粘手时，即可从烘房中取出。

⑧ 包装。用塑料食品袋对合格金针菇脯进行定量包装和密封后，就可上市销售或入库保存。

五、银耳的糖制技术与实例

银耳历来和人参、鹿茸、燕窝齐名，是一种传统的高级滋补食品。银耳具有润肺、强精补肾、清热止咳、健脑提神、美容嫩肤等作用。

1. 蜜渍银耳

（1）工艺流程　选料→浸发、整理→晾干→蜜渍→分拣→冷却→包装。

（2）操作要点　选优质银耳，在 70～80℃温水中浸发 30～40min。待耳瓣充分吸水散开后，在清水中漂洗干净，捞起，沥干，然后用手将耳瓣撕开，晾晒

30min，以利于糖渍。

取水发银耳 10kg，加白砂糖 30kg 和水 20kg，搅拌均匀，在不锈钢桶（或夹层锅）内加热，控制火候，徐徐搅拌；然后依次加入柠檬酸 30g（水溶化）、琼脂 20g、香兰素 10g。待白砂糖全部溶化，变稠，即可起锅。糖渍时间约 40～60min。

将糖渍银耳放在搪瓷盘内，晾干或烘干；分散叶片，因配料中含有琼脂，冷凝后，即可装入塑料食品袋内，每包 30g，密封袋口即成。

2. 即食银耳

（1）工艺流程　选料→浸发、整理→硬化→漂洗→糖煮→上糖衣→包装。

（2）操作要点　选用优质银耳，用清水浸泡 3～4h，至耳瓣充分散开；削去根蒂，剪成适当大小的小朵。

将已整理好的银耳放入饱和石灰水中，浸泡 20min，捞起，用清水漂洗干净，至漂洗液呈中性（pH 值为 7）。

将已硬化处理的银耳，放入糖浓度为 55% 并含有 0.1% 柠檬酸的糖液中，煮沸 15min；在糖液中加入适量白砂糖，用糖度计测定，使糖浓度达 65%～70%，再煮 15min；以后每隔 15min 测定 1 次，并补充适量白砂糖，使糖的浓度保持在 65%～70%。约经 1h，糖液浓度稳定在 65% 不再下降，捞出银耳。糖煮过程中，前期温度稍高，后期用文火煮制。

预先准备好糖粉，即将白砂糖烘干，用钢磨粉碎，过 80～100 目筛备用。然后，在银耳冷却至 50～60℃ 时，将其放入糖粉中，搅匀，筛去多余糖粉，即为成品。

3. 银耳软糖

（1）工艺流程　选料→浸发、漂洗→水煮→过滤→化糖→配料→成型→干燥→包装。

（2）操作要点

① 将银耳 2kg（干）用温水浸发，漂洗干净；按银耳重，加 4 倍量清水，在文火上煮 2～3h，取滤汁。

② 在银耳滤汁内加白砂糖 63kg、饴糖 20kg，加热溶化；趁热加入淀粉 15kg，面粉 2kg，花生油、食用香精适量，搅匀，加热至 120℃，出锅。

③ 将糖液冷却到具有可塑状态时（约 65℃）倒入糖果模具内压制成型；脱模后自然干燥或烘干，即可包装。

4. 银耳方块茶糖

（1）工艺流程

```
银耳→泡发→水煮→配糖→浓缩 ┐
白柠檬→烘干→粉碎→过筛→成型 ├→干燥→包装
柠檬酸→粉碎→过筛→拌料 ┘
```

（2）操作要点

① 取干耳 1kg，在清水内浸发，洗净，加水 10kg，煮沸后，在微沸状态下维持 30min，得滤汁；在微沸状态下浓缩至 5kg，加入白砂糖 10kg，加热溶化，经绢筛过滤备用。

② 白砂糖烘干，称取 90kg，用钢磨粉碎，过 80～100 目筛。加工的糖粉要求洁白、无杂质。

③ 取柠檬酸 1.2kg，用石磨粉碎，用细箩筛筛过。加工柠檬酸不能使用钢磨、钢筛。取淀粉 2kg，加入橘子香精 1kg，拌匀，再与柠檬酸粉充分拌匀，备用。

④ 将糖粉倒入调料桶内，加入银耳浓浆，搅拌均匀，使糖潮润，以用力压紧能黏成块为宜。如过于干散，应添加糖浆；如过湿，即酌减糖浆或添加糖粉。如用卧式调面机调制，能提高功效，拌和效果也好。

⑤ 压制方块茶糖的磨具由底板、方框架、公模三部分组成，可分别拆开。压制时，在模具底板上先放方框架，将调好的糖粉装入凹格内，以满为度；再用排辊向凹格中心压成浅凹，将香精料逐一放入浅凹内，每块用 0.5g；上面再加糖粉，然后用公模压入凹格内，将糖粉压实；再去底板，将模具移到烘盘托板上，按压公模，糖坯即脱离方框架落在烘盘托板上。

⑥ 将托板移入烘房或烤箱，在 40℃ 左右烘烤 12h，修齐毛边，即可包装。成品规格为 2cm×3cm×2.6cm，每块净重 18～20g，可用 300mL 开水或凉开水冲泡。

第二节　食用花卉类的糖制技术与实例

一、槐花的糖制技术与实例

槐花酱的加工工艺介绍如下。

（1）工艺流程　原料选择→洗涤、预煮→打浆、配糖液→浓缩→直接食用或装罐杀菌贮藏。

（2）操作要点

① 原料选择。选择已有大部分小花开放的花穗（图 11-3），去花柄。

② 洗涤、预煮。把选好的槐花用清水洗涤干净，放入锅内（最好不用铁锅），槐花与水的比例为 2∶1，煮沸 15～20min。

③ 打浆、配糖液。把预煮好的槐花用打浆机或其他磨碎方法磨成浆，细度以达到 50 目为好。配制浓度 75% 的糖液，煮沸，过滤。把槐花浆同糖液按 1∶1 的比例混合。

图 11-3　槐花

④ 浓缩。把配制好的槐花浆加入 0.3% 的琼脂，放入不锈钢锅或铝锅内，边加热边搅拌，浓缩到固形物含量为 60%～65% 时，再加入 0.2% 的柠檬酸。若用真空浓缩机则产品质量更佳。

以上加工的槐花酱可直接食用，或做糕点馅料。若要贮藏可用 454g 玻璃果酱瓶，也可用其他罐型。空罐消毒后，把槐花酱装入，酱体温度保持在 85～90℃，立即封口，再用沸水杀菌 25～30min 即可贮藏 1 年以上。

以上方法加工的槐花酱，呈胶冻状，不流散，不分泌汁液，呈黄褐色，且均匀一致，具有浓郁的槐花芳香，是非常理想的佐餐佳品。

二、桂花的糖制技术与实例

1. 糖桂花加工方法一

糖桂花如图 11-4 所示。

（1）原料配方　鲜桂花 10kg，青梅泥 10kg，精盐 2.4kg，白矾 80g，白砂糖 10kg。

（2）工艺流程　选料→盐渍→沥汁→糖渍→包装→成品。

（3）制作方法

① 选料。采集阴干的桂花，并剔除枝叶和烂花。

② 盐渍。将 10kg 桂花，加青梅泥 8kg（用成熟的梅去核，经过盐渍后，捣烂成糊状即成）、食盐 1.4kg、梅卤（制青梅所得的盐卤）2kg、白矾 80g，一并倒入盆中搅拌均匀，加盖压紧，腌渍两天左右即可。

图 11-4　糖桂花

③ 沥汁。取出盐渍好的桂花，沥去卤汁（沥出的卤汁可作下一次的梅卤用）。

④ 盐渍。在沥去卤汁的桂花中加入食盐 1kg、梅泥 2kg，仍放在盆中搅拌均匀，再盐渍 3～5d，即制成咸桂花。

⑤ 沥汁。将腌好的咸桂花放入白布袋内，压榨，沥干卤汁。

⑥ 糖渍。在榨干的咸桂花内拌入白砂糖 10kg，入盆里糖渍数天，待味道变甜时即为糖桂花。

⑦ 贮存。将糖桂花分装在小坛内严密封口，存放于阴凉干燥处。

（4）产品特点　颜色金黄，香味浓郁。

2. 糖桂花加工方法二

（1）原料配方　鲜桂花 700g，麦芽糖 1kg。

（2）制作方法

① 将新鲜桂花风干，将风干的桂花放清水里漂洗，去掉表面的灰尘，捞起，沥干水分备用。

② 取出麦芽糖，上锅蒸 10min 备用。

③ 把桂花撒一层到消毒好的玻璃瓶里，倒进还滚烫的糖浆，再放一层桂花，再倒糖浆，直到放完，将玻璃瓶密封好，晾凉放入阴凉处贮藏即可。

（3）质量要求

① 感官指标。色泽：金黄色或黄色。气味：桂花香味纯正、无异味。滋味：香甜适口、无异味。

② 理化指标。产品含花量≥6.8%；总糖≤72%；水分≤22%；含梗量为 10mm 以下允许 3 根/100g，10mm 以上不允许存在；杂质含量≤0.5%；砷（以 As 计）≤0.5mg/kg；金属（以 Pb 计）≤2mg/kg。

③ 微生物指标。细菌总数≤1000 个/g；大肠菌群≤30 个/100g；致病菌（系指肠道致病菌及致病性球菌）不得检出。

三、玫瑰的糖制技术与实例

玫瑰鲜花酱（图 11-5）加工工艺介绍如下。

图 11-5　玫瑰鲜花酱

① 采摘鲜花。玫瑰酱成品的质量取决于花朵的开放程度。一般早上 8 点前采摘刚开放如杯状的带露花朵，此时玫瑰鲜花的品质最佳。花朵开放度过小，香气及营养成分未完全形成；若开放度过大，露出黄色花蕊，则香气挥发较多，营养价值随之降低。

② 挑选花瓣。将采摘的玫瑰花剔去花蕾、叶片等杂质。数量多时，将花朵堆放在干净的台面上，让其发热几小时，花瓣便可与花托脱离，再将花瓣用簸箕簸出；数量少时，用手直接摘下花瓣备用。

③ 揉搓。给花瓣称重，按花瓣与糖 1∶3 的比例混合，并揉搓至花瓣成为黏稠状。再掺入少许蜂蜜，调制成玫瑰酱。

④ 发酵。将调制好的玫瑰酱装入玻璃或瓷质容器内，密封后让其自然发酵。2 周后翻搅 1 次，发酵 1 个月后即可食用。

⑤ 存放。玫瑰酱装入容器时，装至容器的 2/3 即可，若过满会因发酵膨胀而溢出。每次取用玫瑰酱后均要盖严封实，可长期保存。

参考文献

[1]　陈婵，曾绍校.金柑果脯加工工艺的研究 [J].福建轻纺，2009，14（02）：36-39.

[2]　陈洪华，李祥睿.红枣蜜饯的研制 [J].食品科技，2008（09）：37-41.

[3]　陈胜慧子，李小华，牛希跃.生姜果脯的加工工艺研究 [J].现代食品，2015（21）：62-66.

[4]　陈诗晴，王征征，姚思敏薇，等.猕猴桃低糖复合果酱加工工艺 [J].安徽农业科学，2017，45（33）：96-112.

[5]　戴桂芝.低糖苦瓜蜜饯加工方法 [J].农技服务，2003（04）：37.

[6]　段腾飞，顾金成，刘敏，等.低糖胡萝卜果脯加工工艺的研究 [J].佳木斯大学学报（自然科学版），2018，36（04）：592-595.

[7]　范军营，秦新磊，余祖捷.复合果渣果酱加工工艺研究 [J].食品安全导刊，2020（21）：140-142.

[8]　汾河.山楂果的加工方法 [J].专业户，2002（08）：36.

[9]　付华，郭瑞.河套蜜瓜脯的加工工艺 [J].现代食品，2016（15）：96-98.

[10]　付晓萍，杨牧，高斌，等.低糖苦瓜果脯的加工工艺 [J].食品研究与开发，2012，33（02）：100-103.

[11]　高珊，杨梦秀.低糖胡萝卜果脯加工工艺 [J].农村新技术，2022（11）：61.

[12]　高珊，杨梦秀.低糖胡萝卜果脯加工工艺研究 [J].现代食品，2021（21）：72-82.

[13]　高霞.蜜饯枣的加工工艺 [J].落叶果树，2010，42（05）：21.

[14]　耿楠.低糖山楂-红枣复合果酱的研制及品质分析 [D].合肥：安徽农业大学，2019.

[15]　郭春梅.金丝蜜枣的加工 [J].中国农村科技，2001（02）：40.

[16]　郭森，王传凯，豆海港.木瓜果脯加工工艺研究 [J].食品研究与开发，2017，38（02）：138-141.

[17]　郭森.低糖果脯加工技术及保藏性研究 [D].杨凌：西北农林科技大学，2004.

[18]　韩庆保，徐达勋，张承妹.低糖猕猴桃脯的加工工艺研究 [J].上海农业学报，2006（01）：118-120.

[19]　胡丽丽.草莓果脯加工及贮藏过程中品质变化研究 [D].扬州：扬州大学，2023.

[20]　贾鲁彦.猕猴桃果酱加工工艺研究 [D].杨凌：西北农林科技大学，2015.

[21]　江明.园艺产品贮藏加工技术 [M].北京：北京理工大学出版社，2020.

[22]　孔瑾，宋照军，刘占业，等.低糖山楂果脯的加工工艺 [J].食品与发酵工业，2004（05）：76-82.

[23]　李昌文，岳青.低糖苹果脯的加工工艺研究 [J].食品研究与开发，2006，（07）：130-132.

[24]　李殿鑫，林丽军.荸荠果脯的加工工艺研究 [J].贵州农业科学，2018，46（10）：122-126.

[25]　李靓，朱涵彬，李长滨，等.果蔬复合果酱工艺研究进展 [J].江苏调味副食品，2022（03）：10-12.

[26] 李薇.低糖猕猴桃果脯的加工工艺与工厂设计研究 [D].西安：西北大学，2014.

[27] 李云萍.北京果脯蜜饯的制作技术 [J].农村百事通，2008，(24)：19-21.

[28] 梁新峰，等.食品加工技术 [M].北京：中国农业出版社，2020.

[29] 林绍霞.即食银耳品的加工工艺及其贮藏特性的研究 [D].福州：福建农林大学，2008.

[30] 刘晓梅.苹果脯的加工工艺 [J].农产品加工，2004 (08)：28-29.

[31] 刘新玲.番木瓜系列产品加工工艺 [J].福建农业，2012 (10)：24-25.

[32] 刘新社，等.果蔬贮藏与加工技术 [M].北京：化学工业出版社，2018.

[33] 鲁墨森，等.果品保鲜加工 [M].济南：山东科学技术出版社，2015.

[34] 罗建学，兰玉倩，杨桂秀，等.低糖苹果脯加工工艺研究 [J].食品科学，2015 (01)：25-27.

[35] 吕俊良.芒果果脯加工工艺研究 [J].现代食品，2022，28 (09)：61-64.

[36] 孟文俊，毕丽娟.猕猴桃糖制品的加工方法 [J].中国农村小康科技，2007 (07)：60-62.

[37] 施瑞城，侯晓东，李婷，等.低糖山药果脯的加工工艺研究 [J].食品工业科技，2007 (02)：182-184.

[38] 石太渊，等.绿色果蔬贮藏保鲜与加工技术 [M].沈阳：辽宁科学技术出版社，2015.

[39] 宋凤月.无添加蔗糖猕猴桃果脯生产关键技术研究 [D].福州：福建农林大学，2018.

[40] 苏农.胡萝卜蜜饯加工方法 [J].农家致富，2012 (06)：45.

[41] 孙丽婷.低糖李子果脯加工工艺优化研究 [D].天津：天津商业大学，2021.

[42] 孙翔宇，严勃，王振南.低糖胡萝卜果脯加工工艺及对 β-胡萝卜素和维生素 C 含量的影响 [J].食品与药品，2012，14 (03)：113-116.

[43] 孙义章.蔬菜糖制作技术 [J].农村科技开发，2000 (01)：28-29.

[44] 唐丽丽，宋洁，马兆瑞，等.低糖猕猴桃果脯加工工艺 [J].农村新技术，2021 (06)：61.

[45] 唐丽丽，宋洁，马兆瑞，等.低糖猕猴桃果脯加工工艺研究 [J].湖北农业科学，2019，58 (23)：160-163.

[46] 田莹俏.青脆杏加工工艺研究 [D].乌鲁木齐：新疆农业大学，2013.

[47] 王春荣.低糖蓝莓果脯加工工艺及其保藏性的研究 [D].长春：吉林农业大学，2013.

[48] 王军罗.两种常见蜜饯的加工方法 [J].现代农村科技，2010 (04)：51.

[49] 王磊.低糖板栗果脯加工工艺的研究 [D].保定：河北农业大学，2008.

[50] 王丽琼，等.果蔬保鲜与加工 [M] 北京：中国农业大学出版社，2018.

[51] 王丽霞，吴先辉，胡婉红.低糖西瓜皮果脯加工工艺研究 [J].宁德师范学院学报（自然科学版），2015，27 (03)：295-298.

[52] 王希卓.果蔬加工技术 [M].北京：中国农业科学技术出版社，2016.

[53] 王中凤.低糖芒果脯加工工艺 [J].食品与发酵工业，2006 (10)：86-87.

[54] 翁宇轩，孙云帆，夏文溪，等.低糖果脯加工工艺的研究进展 [J].食品界，2021 (09)：104-105.

[55] 熊庆荣.蜜饯的加工方法 [J].中国土特产，2000 (02)：12-13.

［56］ 杨金英，王剑平.低糖果脯加工工艺研究现状［J］.农机化研究，2003（04）：34-36.

［57］ 杨帅，刘华丽，成铖，等.果脯蜜饯制品加工中常见的质量问题及控制［J］.食品安全导刊，2015（06）：26-27.

［58］ 叶培根，等.加工蔬菜生产新技术［M］.杭州：杭州出版社，2016.

［59］ 苑社强.果品蔬菜实用加工技术［M］.北京：金盾出版社，2015.

［60］ 张海生.果品蔬菜加工学［M］.北京：科学出版社，2018.

［61］ 张涵，谭平.玫瑰花山楂复合果酱加工工艺［J］.包装学报，2021，13（01）：86-92.

［62］ 张建才，等.水果贮藏加工实用技术［M］北京：化学工业出版社，2016.

［63］ 张丽芳.低糖冬瓜果脯的加工工艺［J］.农产品加工（学刊），2006（11）：64-66.

［64］ 张丽芳.低糖西瓜果脯的加工工艺［J］.现代食品科技，2007（01）：65-67.

［65］ 张永清，秦烨，刘海英.低糖猕猴桃果脯的加工工艺［J］.食品研究与开发，2013，34（24）：147-150.

［66］ 张玉美.四种蜜饯加工方法［J］.农家之友，2005（03）：21.

［67］ 赵瑞英，孟占琴.几种果脯蜜饯的加工方法［J］.专业户，2003（09）：34.

［68］ 赵晓玲.低糖山楂果脯加工工艺研究［J］.中国食品营养，2015，21（04）：59-62.

［69］ 赵亚石，启龙.低糖无硫南瓜脯加工工艺研究［J］.食品科技，2011，36（02）：104-107.

［70］ 郑云云，洪佳敏，张帅.香蕉多元营养果酱加工工艺优化［J］.福建农业科学，2020（07）：42-45.

［71］ 中国百科网.小白平菇蜜饯加工工艺［J］.农村新技术，2020（05）：57.

［72］ 中国食品网.蜜李加工技术［J］.农村新技术，2021（06）：60.

［73］ 周卫华.果品类果脯蜜饯制作集锦（二）［J］.农村新技术，2010（22）：57-58.

［74］ 周卫华.果品类果脯蜜饯制作集锦（三）［J］.农村新技术，2010（24）：57-58.

［75］ 周卫华.果品类果脯蜜饯制作集锦（一）［J］.农村新技术，2010（20）：58-59.

［76］ 朱克永，隋明.猕猴桃加工工艺及开发利用趋势［J］.食品研究与开发，2018，39（22）：220-224.

［77］ 朱珠.莴笋风味蜜饯的加工工艺［J］.江苏调味副食品，2002（05）：18-19.

［78］ 祝战斌，等.果蔬贮藏与加工技术［M］.北京：科学出版社，2020.